U0178014

021

築苑·构件不语

——中国古代传统建筑文化拾碎

张勇　杜智慧　李翠艳　张昌奇　著

中国建材工业出版社

图书在版编目（CIP）数据

构件不语：中国古代传统建筑文化拾碎 / 张勇等著
. -- 北京：中国建材工业出版社，2023.9
（筑苑）
ISBN 978-7-5160-3784-3

Ⅰ．①构⋯ Ⅱ．①张⋯ Ⅲ．①古建筑－建筑艺术－中
国 Ⅳ．① TU-092.2

中国国家版本馆 CIP 数据核字（2023）第 134181 号

内容简介

本书针对中国传统建筑与构件包含的文化内容，从民俗故事的角度，运用传说故事、造型的演变、名称的含义等各个方式，说明传统建筑构件的来历，梳理了传统建筑与民众生活息息相关的联系脉络。各个地区传统建筑图片的对比说明更容易让广大群众了解中国传统建筑中的文化韵味。

本书可供广大喜爱中国传统文化和传统建筑文化的读者阅读参考。

构件不语——中国古代传统建筑文化拾碎
GOUJIAN BUYU—ZHONGGUO GUDAI CHUANTONG JIANZHU WENHUA SHISUI
张勇　杜智慧　李翠艳　张昌奇　著

出版发行：中国建材工业出版社
地　　址：北京市海淀区三里河路 11 号
邮政编码：100831
经　　销：全国各地新华书店
印　　刷：北京印刷集团有限责任公司
开　　本：710mm×1000mm　1/16
印　　张：14.5
字　　数：200 千字
版　　次：2023 年 9 月第 1 版
印　　次：2023 年 9 月第 1 次
定　　价：79.00 元

本社网址：www.jccbs.com，微信公众号：zgjcgycbs
请选用正版图书，采购、销售盗版图书属违法行为
版权专有，盗版必究。本社法律顾问：北京天驰君泰律师事务所，张杰律师
举报信箱：zhangjie@tiantailaw.com　举报电话：（010）57811389
本书如有印装质量问题，由我社市场营销部负责调换，联系电话：（010）57811387

以心作苑 天人築以

築苑叢書雅存 丁酉 端午

孟兆祯

孟兆祯 先生题字

中国工程院院士、北京林业大学教授

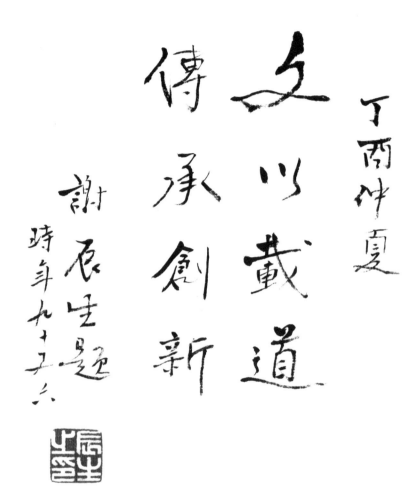

文以載道
傳承創新

丁酉仲夏

謝辰生題
時年九十六

谢辰生 先生题字
国家文物局顾问

筑苑·构件不语——中国古代传统建筑文化拾碎

主办单位

中国建材工业出版社

扬州意匠轩园林古建筑营造股份有限公司

顾问总编

孟兆祯　陆元鼎　刘叙杰

特邀顾问

孙大章　路秉杰　单德启　姚　兵　刘秀晨　张　柏

编委会主任

陆　琦

编委会副主任

梁宝富　佟令玫

编委（按姓氏笔画排序）

马扎·索南周扎　王乃海　王向荣　王　军　王劲韬　王罗进　王栋民
王　路　韦　一　龙　彬　朱宇晖　刘庭风　关瑞明　苏　锰　杜炜怿
杜智慧　李　卫　李寿仁　李国新　李　渌　李晓峰　李梦为　杨大禹
杨永伦　吴世雄　吴燕生　邹春雷　沈　雷　宋桂杰　张玉坤　张　勇
张爱民　陆文祥　陆群芳　陈志华　陈　薇　范霄鹏　罗德胤　周立军
姚　慧　秦建明　袁　强　贾少禹　徐怡芳　郭晓民　唐孝祥　黄列坚
黄亦工　崔文军　商自福　辜少成　傅春燕　廖金杰　戴志坚

本卷著者

张　勇　杜智慧　李翠艳　张昌奇

策划编辑

丁　力　时苏虹　杨烜子　宋国昕

版式设计

汇彩设计

筑苑微信公众号

投稿邮箱：jccbs_shisuhong@163.com

中国建材工业出版社《筑苑》工作委员会

主　　　任：张立君
执 行 主 任：商自福
常务副主任：佟令玫

副主任单位：
扬州意匠轩园林古建筑营造股份有限公司
广州市园林建设集团有限公司
常熟古建园林股份有限公司
杭州市园林绿化股份有限公司
青海明轮藏建建筑设计有限公司

常务委员单位：
江阴市建筑新技术工程有限公司
浙江天姿园林建设有限公司
朗迪景观建造（深圳）有限公司
杭州金星铜工程有限公司
陕西省文化遗产研究院
金庐生态建设有限公司
北京中农富通城乡规划设计研究院
天堂鸟建设集团有限公司
江西绿巨人生态环境股份有限公司
北京顺景园林股份有限公司
成都环美园林生态股份有限公司

委员单位：
深圳市绿雅生态发展有限公司
湖州天明园艺工程有限公司
皖建生态环境建设有限公司
沧州市大斤石材工程有限公司
盛景国信（北京）生态园林有限公司
深圳市绿奥环境建设有限公司
中国矿业大学（北京）混凝土与环境材料研究院
福建坤加建设有限公司
济南城建集团有限公司
秦皇岛华文环境艺术工程有限公司
福建艺景生态建设集团有限公司
福建西景市政园林建设有限公司
裕丰园林建设集团有限公司
中建八局第二建设有限公司

序

古建筑涵盖的内容非常广泛，从字面上理解可以表述为古代的建筑物。时代发展到今天，人们对古建筑的认识也有了变化。我们将1840年以前的建筑归为古代建筑，1840年至1949年的归为近代建筑，而1949年之后的归为现代建筑。其实，近现代建筑基本延续了古代建筑的很多特征元素。中国古建筑的特有构件，例如斗拱、悬鱼、雀替、荷叶墩、影壁砖雕、抱鼓石、柱础等，隐含了很多历史文化印记与故事。

"工欲善其事，必先利其器"，其原意是工匠想要把工作做好，一定要先让他的工具锋利起来，比喻要做好一件事，首先要练好本领。我们的很多传统思想和生活习惯以及传统文化都来自古建筑构件与营建过程，就像成语"悬鱼之志"中的"悬鱼"，代表廉洁奉公、刚正不阿的形象，常见于歇山式、悬山式或硬山式建筑屋顶的山墙博风位置。

本书从古建筑构件的渊源与其涵盖的历史故事、传说、成语等内容讲起，通俗易懂，对于普及古建筑文化知识有很大的帮助。通过此书中引人入胜的故事，我们将更好地了解古建筑中丰富的历史文化知识。

李春林

原国家民委办公厅主任、

中国民族建筑研究会会长

2023年5月

1

自 序

　　从小听家里老人讲故事，内容五花八门，有神怪也有人物传说，神怪多是姜子牙封神，人物传说则多是岳飞、隋唐人物等。长大后从书本里知道了更多的典故传说，直到开始学习古建筑知识，竟然将古建筑中佶屈聱牙的构件名称与很多的典故、传说结合了起来，并且乐此不疲。

　　历史的传说不是正史也不是证据，在此书中有很多观点也不一定就是合理的，如有志趣相投的朋友质疑，我们再多讨论。比方说，"龙生九子不成龙，各有所好"，具体是哪九子，如何排序？根据历史文献查找也没有一个明确的定论，就根据个人理解做了一个排列与解释。

　　本书的编写一开始是从个人兴趣爱好的角度出发，后来，随着整理资料的逐步深入，越来越觉得古建筑构件中蕴含的文化浩如烟海，怎么也不能尽括，不然这部书稿不知几时才能结束了。这也促使我继续总结，不断充实内容，再写续集。也请各位朋友不吝指教，助我更进一步。

　　本书中很多图片是由山东城市建设职业技术学院来雨静老师与学友于飞先生、刘清女士提供，在此表达谢意。

张　勇

2023 年 4 月于青岛

中国的古建筑历史源远流长。每个时（朝）代的建筑都有每个时（朝）代的特点。站在每一座有年头的古建筑前仔细观察，就会发现每个建筑无论体量、形式，还是小小的构件都有不同，各具特点。其实古建筑也像我们现代的建筑一样是由各系统的构件组合而成的，由各个构件通过"搭积木"的形式集合而成，变化无穷。很多构件的产生和由来也有很多有趣的故事，耐人寻味。我们在本书中就要通过解读这些分布于古建筑本体各个不同部位的构件，道出它们的文化内涵，说出构件想说的话。

中国历史建筑如同音乐的韵律，既有风格统一的重复，又有各具一格、千变万化的精彩绝伦。梁思成先生在《拙匠随笔》中说："只有重复而无变化，作品就必然单调枯燥；只有变化而无重复，就容易陷于散漫零乱。""至于颐和园的长廊，可谓千篇一律之尤者也。然而正是那目之所及的无尽的重复，才给游人以那种只有它才能给人的特殊感受。大胆来个荒谬绝伦的设想：那八百米长廊的几百根柱子，几百根梁枋，一根方，一根圆，一根八角，一根六角……一根肥，一根瘦，一根曲，一根直……一根木，一根石，一根铜，一根钢筋混凝土……一根红，一根绿，一根黄，一根蓝……一根素净无饰，一根高浮盘龙，一根浅雕卷草，一根彩绘团花……这样'千变万化'地排列过去，那长廊将成何景象……翻开一部世界建筑史，凡是较优秀的个体建筑或者组群，一条街道或者一个广场，往往都以建筑物形象重复与变化的统一而取胜。"

中国传统建筑是严谨的，同时也有着无尽的变化，统一风格与多彩多姿正是中国传统建筑文化传承的优秀内容，其中蕴含了无尽的故事和想象，才激发了我们不断探寻的热情。

颐和园长廊

我们外出旅游常去名胜古迹，看的也大多是人文环境与古建筑。导游每每都会把经典的古建筑与历史传说故事结合起来讲解，引人入胜，这说明古建筑中蕴含的文化内容是丰富多彩的。

解读这些故事，会让我们了解古建筑中丰富的历史文化内涵，更会让我们喜欢上传统的建筑形式，从而去研究它、维护它和建设它。

当然，传统的民间传说里也充斥了很多玄奥与迷信的色彩。我们不提倡迷信，只讲传统文化故事。

张　勇

2023 年 4 月

目 录

第一章 古建筑构件基础知识

第一节 古建筑构件和组成

文章开头，我们先来了解一下古建筑的一些基本知识。我们知道所有的建筑物都是有很多框架和砖瓦、砌块或者一组一组的分割块面组合而成的。我们一般将这种由预制部品部件在工地装配而成的建筑，称为装配式建筑。现代装配式建筑起源于 20 世纪初，到 20 世纪 60 年代终于实现。英、法、苏联等国首先作了尝试。由于装配式建筑的建造速度快，而且生产成本较低，迅速在世界各地推广开来。

我们通过观察中国传统建筑结构可以了解到，其实中国传统的木结构古建筑就是古老的装配式建筑（图 1-1）。其完全是由各个加工完成的构件相互接插在一起，并且明确分为基础、框架结构和屋面三大部分，层次分明。各部分构件随着中华传统文化的发展也逐步融合了大量的历史故事、传说与形态。本书所要表达的构件故事就蕴含在古建筑的各个构件当中，其后我们将慢慢解读。

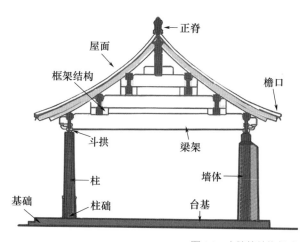

图 1-1 古建筑结构组成

第二节　构件造型位置分布

中国古代建筑一般分为官式建筑、民居建筑和园林建筑三大类。构成这些古建筑的各个部位和构件有很多的传说和故事（图1-2），例如：台阶上有东道主的来历，梁架上有吉祥如意的众多寓意。官式建筑屋顶上的故事更多：屋脊两头的龙头，上面还背着一把剑，那叫"鸱吻"（chī wěn），也叫"吞脊兽"，大名叫"脊吻或正吻"（图1-3），龙吻张开巨口吞脊。民间传说龙王的二子争夺王位，约定先吞下屋脊者称王。龙弟乘兄吞脊，拔剑刺兄于脊上，剑柄尚露在外面，这是正吻的传说。挑檐头上的龙头也就是四条垂脊各有一个蹲兽，加上正脊两端的吞脊兽，统称"五脊六兽"。这都是镇脊之神兽，起到吉祥、装饰和保护建筑的三重功能，既具有装饰美感，又起到护脊的效果。

图 1-2　古建筑构件位置说明

图 1-3　庑殿顶重檐建筑构件分布位置说明

下面我们就把古建筑构件所蕴含的各种文化分类，简要说明一下。以简图介绍其大致分布的位置与代表区域。

1. 构件刻画人物内容

主要集中在屋顶屋脊的中间与各个戗角，框架部分外檐廊各个挑檐与檐枋木雕、墙面砖雕、门窗雕饰人物故事。基础部分的石雕门墩、丹壁石（御路）、栏杆等部位（图1-4）。

图 1-4　古建筑构件分布位置

2. 构件刻画动物内容

最集中的部位是屋顶，在各个屋脊的端头都有代表，最著名的是吞脊兽，也叫背剑龙，屋檐四角的走兽也是古建筑的重要象征。门窗与雀替、挑檐的木雕；墙面砖雕；檐枋彩绘；基础石雕等都有动物形象。例如，栏杆、柱础，甚至门窗拉手、门环、排水口等无处不在（图1-5）。

图 1-5　御路与栏杆位置

3. 构件刻画植物装饰

主要集中在檐枋彩绘、雀替、牛腿、门窗木雕、墙面砖雕、各位置石雕等部位（图 1-6）。

图 1-6　木雀替或牛腿雕饰

4. 构件刻画其他内容

数字也是纹饰表现的重要内容。例如，"万"字一般出现在木雕花格中，为万字格；也有在瓦当、椽子头等部位表现的（图 1-7）。

图 1-7 门窗花格与橼子头

第二章　构件造型与人物传说

第一节　构件人物之姜子牙

位置：建筑屋脊中间（也称为太公楼）。

姜子牙，姜太公，他为何在屋脊中间？我们大多知道的是"姜太公钓鱼"的故事。其历史地位，简单地说就是"兵家始祖"，辅佐武王兴周灭商，后分封地为"齐地"，也就是春秋战国时期的"齐国"，他为齐国的第一任国君。而对于其神仙之说，在民间流传久远，尤其到了明朝由许仲琳以"武王伐纣"这段历史为基线，融合民间相关封神传说，著《封神演义》一书。其中最为人们熟悉的另一条主线就是"姜子牙封神"。

按照中国神话传说，姜子牙代师傅元始天尊封八部三百六十五位正神，而自己并未有"神位"，只是仍掌握着打神鞭的"神上神"（相当于巡天监察神）。可是这个封神故事，在民间的流传中又有另外的故事。传说所有的神仙都是姜子牙封的，从天上到地上都封完了，他给自己留的神位就是"玉皇大帝"，只因为当时有神仙问姜子牙"玉皇大帝"还没有分封呢，姜子牙回了一句"自然有人"，结果被一位叫"张友人"的仁兄听到后答应了一声抢上了玉帝宝座，所以传说中"玉皇大帝"姓张。据说封神之时，只要归位了，就成了定局，也没法反悔，因此姜子牙什么神位都没有，他是神上神也不能落地，老百姓就在屋脊中间安置了一个小房子供姜太公，称为"太公楼"。从这个传说中，后来又引出了"姜子牙神位"的三个位置，分别是房梁上、房顶和门楣神龛（图 2-1、图 2-2）。

图2-1　屋顶太公楼位置

图2-2　墙面神位

　　因为姜子牙地位崇高，连玉帝都是他封的，也不能落入凡间，于是老百姓就给他安排了一个较高的位置，也就是很多老式房子至今仍然可以看到，在正堂内门楣之上，往往留有一个凹进去的方格，据说这个就是供奉姜子牙的。这个位置与正堂玉皇大帝的神位相对，但更高一些；并且位于一进门的头顶上，也正是有"监察所有神灵的作用"。在这个方格内，一般那些讲究的大户人家常会摆放"姜太公在此"或者"太公在此，百无禁忌"的木牌。但一般家庭会摆放一个灯台，这也就是姜子牙被认定为"光明之源（灯神）"的由来。

　　第二个位置在房梁上，这个最为大家熟悉。旧时盖房上梁的时候，常有祭拜一番，并在大梁上张贴"太公在此，百无禁忌"的习俗。此来历和《封神演义》一书的情节有关。据说姜子牙下山后，寄居在义兄家里，曾在帮助义兄建筑后花园亭殿的时候，引雷降服捣乱的五鬼。所以至今人们盖房"封顶"之时，仍会祭拜姜子牙，以求"诸事顺利"（图 2-3）。

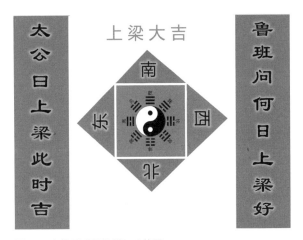

图 2-3　上梁仪式用楹联与八卦图

最后一处据说在"房顶"上，传说的由来还是和"张友人抢了玉皇大帝的位子"联系起来的。说玉皇大帝的位子被霸占了，就没有他的位置，一气之下就上了房顶，地位就在众神之上了。神位在房顶的情况，多在道教玉帝大殿之上，像重庆丰都鬼城内的大殿之上就有姜子牙的雕像，手持打神鞭和杏黄旗，端坐于房顶之上。但是大部分建筑屋顶随着时间的演变，仅保留了一间空屋。

第二节　构件人物之仙人

位置：屋面四角上走兽第一个。

殿宇顶上除正脊外，还有垂脊。垂脊上的吻兽名称较多，除叫垂脊吻外，还叫屋脊走兽、檐角走兽、仙人走兽等。檐角最前面的一个叫"骑凤仙人""仙人骑鸡"，也叫"仙人指路"。它的作用是固定垂脊下端第一块瓦件。唐宋之前的建筑在未形成"仙人指路"这一造型之前，是用一个大长钉上盖钉帽来固定的（图 2-4）。

图 2-4　仙人指路

　　这个仙人是谁？传说齐国国君齐宣王在一次与晋国作战中失败，来到历城北部华山（华不注山）下面的大湖，被晋国官兵追赶得围着华不注山跑了五六圈，走投无路，后边追兵就要到了，逢丑父换上齐宣王的服饰，架着齐宣王的马车继续逃奔，最终被俘，齐宣王趁机逃脱。后人为了纪念齐国的忠臣逢丑父及二十四孝之闵子骞，特在济南华山脚下华阳宫立忠孝祠纪念。至今济南市华山社区有一道路仍命名为丑父路。这次战役中齐宣王的遇险故事在后世的传说中逐渐演变成了齐宣王战败后围绕华不注山逃脱不掉，危急之中一只大鸟（传说中的凤）突然飞到眼前，他急忙骑上大鸟，逢凶化吉，脱离危险。古人把它放在建筑脊端，是表示骑凤飞行、逢凶化吉、绝处逢生的意思（图 2-5）。

图 2-5　屋顶走兽位置

9

第三节　构件人物之泰山石敢当

位置：居屋冲街口墙面或墙角。

关于"石敢当"的文字记载，最早见于西汉史游的《急就章》，"师猛虎，石敢当，所不侵，龙未央"，石敢当可以抵挡一切。因此，在街巷拐角，特别是丁字路口路冲之处，被称为凶位的墙上安置石碑，上刻有"石敢当"或"泰山石敢当"字样，有的碑额上还有狮首、虎首等浅浮雕，用于辟邪（图2-6）。

硬山屋顶

垂花

泰山石敢当

抱鼓石
柱础石

图 2-6　泰山石敢当

传说石敢当是山东人士，不但能驱妖拿邪，还是一位治病救人的义士；山东学者王世祯对家乡此俗比较了解。俞樾的《茶香室丛钞》卷十记载："国朝王渔洋（王世祯）山人云：齐鲁之俗，多于村落巷口立石，刻'泰山石敢当'五字，云能暮夜至人家医病。北人谓医士为大夫，因又名之曰石大夫。"

民间传说，石敢当所到之处皆能手到病除，鬼邪俱逃。后来各地皆请，石氏奔走不迭，遂以石、砖刻"泰山石敢当"之名或砌于屋墙，或立于街口，特别是丁字路口等路冲处，鬼祟见之亦不敢近，用于辟邪，此法甚验，各地竟起仿效。

由此我们知道，石敢当以前是郎中，能治疗瘟疫，也就是古代人所说的"辟邪"。由于效果很好，影响越来越大，久而久之，在百姓中传成了这样。

古代人们认为，"泰山石敢当"可以镇压一切不祥之物。泰山石敢当之所以被放在胡同口或者墙角，是因旧时的人们认为，十字路口、丁字路口是"鬼道"（也是现在老百姓祭奠先人在路口烧纸的出处），人鬼都走，容易出现煞气。

泰山在古时是"神山"，汉武帝时期，泰山就已经被统治者认为可以"配天作镇"，具有保佑国家的神力，即所谓"泰山安则天下安"（山东省泰安市名称的由来）。汉武帝在某一次登临泰山时，曾带回了四块泰山石，置于未央宫的四角以辟邪。此后，泰山石逐渐被人格化，说它姓石名敢当，又称石将军。

另一个版本的"石敢当"传说是这样的：当年黄帝与蚩尤大战，蚩尤所向披靡，猖狂之极，登泰山大呼："天下有谁敢挡（当）？"当时众人没有良策，女娲娘娘见状，决定出手制暴。她向蚩尤投下一块炼石，石上镌刻"泰山石敢当"五个大字，并对蚩尤大喝道："泰山石敢挡（当）！"蚩尤被激怒，想毁坏此石，但用尽全力却不能损其一角，只好怅然遁逃（图2-7）。

黄帝为了震慑蚩尤，学女娲的样子，采集了泰山石，并在上面刻上"泰山石敢当"字样，用来对付蚩尤，最终取胜。

泰山石敢当形态各异
字体内容也各有不同

图2-7 泰山石敢当

11

时至今日，泰山石仍被认为是纯阳之石、风水第一灵石。很多人去爬泰山，就是专门为了去"请"一块石头。人们相信，泰山石除了可以用来装饰、美化环境，还可以护佑自己稳如泰山、"石"来运转、出入平安等（图2-8）。

图 2-8　东岳泰山

正因为人们相信泰山石具有强大的正能量，可用来调节气场，所以常常被用来镇宅避邪、补房子缺角、挡煞、压不祥等。正月初十这一天，人们拜祭石头神，就是借以表达自己疾病不侵、邪祟不入、逢凶化吉的美好心愿。

祭拜石头神的仪式比较简单：先在"石敢当"前撒些豆子，感谢它保佑了全家一年平安；然后用干净抹布蘸清水把门墩、上下马石、门前石狮子和"石敢当"等，分别擦一遍，边擦边祈求它在新年里再显神威、护佑全家。

据报道，2018 年 4 月南海岛礁建设纪念碑揭幕仪式在我国南沙群岛永暑礁举行。随着纪念碑揭幕的还有一块重达 200 吨的泰山石（图2-9）。当时一共运来了三块泰山石，分别放在了永暑、渚碧、美济岛，象征着中国的主权，泰山石是国泰民安的象征、安邦定国的基础，"一石安则四海安"的信崇意识深入人心，千百年来，重如泰山、安如泰山、稳如泰山、泰山北斗等典故词谚广泛流传，以泰山石镇守南海！

图 2-9　渚碧岛泰山石镇守国门

第四节　构件人物之三星

位置：屋脊中间或戗（qiàng）脊戗头、木雕石雕、影壁墙等。

福禄寿在中国神话中，是福星、禄星、寿星三星的合称（图 2-10），象征财富、子孙、长寿。在传统的雕刻和绘画中，福禄寿三星的排列由左至右依序是寿星、福星、禄星。从造型上分辨：寿星代表高寿，左手持杖，手持寿桃；福星代表福气与财运，为中国古代官员造型，峨冠博带是重要特征；禄星有赐子赐福之意，手抱孩儿。也有很多古建筑影壁墙利用蝙蝠、仙鹤与鹿（谐音）的造型，表现美好的寓意（图 2-11）。

图 2-10　重庆缙云寺福禄寿三星形象

13

图 2-11　鹤、鹿、龟、蝙蝠、松、祥云、如意与仙山组成的《吉祥寿康》砖雕

常见福星手拿一个"福"字，禄星捧着金元宝，寿星托着寿桃、拄着拐杖。另外还有一种象征画法，画上蝙蝠、梅花鹿、寿桃，用它们的谐音来表达福、禄、寿的含义。福星根据人们的善行施赐幸福。古人认为岁星（木星，不是太岁）照临，能降福于民，于是有了福星的称呼。

福星起源甚早，据说唐代道州出侏儒，历年选送朝廷为玩物。唐德宗时道州刺史阳城上任后，即废此例，并拒绝皇帝征选侏儒的要求，道州人感其恩德，遂祀为福神。宋代民间普遍奉祀。到元、明时，阳城又被传说为汉武帝时期一位名叫杨成的官员。以后更多的异说，或尊天官为福神，或尊怀抱婴儿之"送子张仙"为福神（图 2-12）。

图 2-12　福星牛腿构件木雕

福星，古称木星为岁星，所在有福，故又称福星。《天官·星占》里讲：木星照耀的国度，赐福于君王，保佑他政权稳定。李商隐《无愁果有愁曲北齐歌》："东有青龙西白虎，中含福星包世度。"星相家们进而引申为："岁星所照，能降福于民"，是说岁星照耀的地方，百姓也能够得到好运和幸福。看来早在西汉以来，人们就把木星作为赐福之星看待。

禄神原是星神，称"文昌""文曲星""禄星"。在北斗星之上有六颗星，合起来称为文昌宫，其中的第六颗星即是人们崇拜的禄星。《论语》说："人有命有禄，命者富贵贫贱也，禄者盛衰兴废也。"《史记·天官书》说："日文昌宫：一曰是将，二曰次将，三曰贵相，四曰司命，五曰司中，六曰司禄。"司禄，即职司功名利禄的禄星。隋唐科举制度产生之后，禄星遂成为士人命运的主宰神，天下士人莫不对之顶礼膜拜。禄星后由星神演化为人神。最有影响的禄神人神是在宋朝附会上的梓潼神张亚子，称"文昌帝君"。

禄星掌管人间的荣禄贵贱，是北斗七星之前文昌宫中最后一颗星，因为禄有发财的意思，所以民间往往借了财神赵公明的形象来描绘他：头戴铁冠，黑脸长须，手执铁鞭，骑着一头老虎。在道教的三星群像里，他却是一位白面文官（图2-13）。

图 2-13　寿星与禄星牛腿构件木雕

寿星又叫老人星，古人认为老人星主管君主和国家寿命的长短，也可给人增寿，成了长寿的象征。寿星鹤发童颜，精神饱满，老而不衰，前额突出，慈祥可爱。早在东汉时期，民间就有祭祀寿星的活动，并且与敬老仪式结合在一起。祭拜时，要向七十岁上下的老人赠送拐杖。

《华阳国志》记载四川眉山市彭山镇是彭祖的故乡。对彭山人来说天上的寿星就是人间的彭祖，因为他保持着最高长寿纪录——767岁。这种说法来自东晋葛洪的道教著作《神仙传》。

767岁的高龄自然是不可信的，但历史上彭祖似乎确有其人。《史记·楚世家》记载了他的显赫出身，他是五帝之一颛顼的孙子。算起来从夏朝至商朝总共活了近800岁。而有关他的长寿故事早在秦汉以前就已流传。屈原的长诗《天问》中就曾提到他，孔子和庄周在自己的著作中也都将他视为长寿的典范。

彭祖虽然不是天上星官，但人们确信他掌握了一套养生的方法，是真实生活中靠修炼获得长生不老的成功者。这也是人们将他与寿星合二为一的原因。

彭祖是如何与养生联系起来的？原来中国古代自魏晋以来，道教的养生理论渐成体系。托名彭祖的著述多达数十部，有《彭祖养性经》《彭祖摄生养性论》《彭祖养性备急方》等。除了导引气功、炼丹术、中医中药等养生疗病理论，还涉及烹饪饮食等。

由于道教养生观念的融入，也使寿星形象发生相应的改变。最具特点的要数他硕大无朋的脑门。山西永乐宫壁画中的寿星，可能是存世最古老的寿星形象。在永乐宫中上千位神仙中，人们一眼就能将他认出，就是因为他那超级的大脑门儿（图2-14）。

图 2-14　寿星瓷摆件

关于大脑门的来历，有多种猜测，有人认为大脑门来自返老还童现象，老人和小孩有诸多体貌特征上的相似。比如初生婴儿头发稀少，老年人也是一样。而头发少自然额头就显得很大。

寿星的大脑门，也与古代养生术所营造的长寿意象紧密相关。比如丹顶鹤头部就高高隆起。再如寿桃，是王母娘娘的蟠桃会上特供的长寿仙果，传说是三千年一开花、三千年一结果，食用后立刻成仙，长生不老。或许就是因为这种种长寿意象融合叠加，最终造就了寿星的大脑门。

寿星的手杖的变化则显示他政治教化功能的削弱。从初始的象征特权的雕有斑鸠的王杖，换成一柄桃木的手杖。据说桃木能祛病强身，延年益寿（图2-15）。

图 2-15　杭州胡庆余堂的寿星牛腿木雕

民间传说在大地的东北方是恶鬼居住的地方，有一道大门，称为万鬼之门，将恶鬼拒之门外。据说这道大门就是天帝用桃木做的。为了保险起见，在门前还栽种两棵桃树，来镇鬼驱邪。有趣的是，现代科学研究发现，桃树的汁液的确含有某种抑制细菌生长的特殊成分。

在过去中药里桃树枝也是一味药，并且人们相信朝向东北，也就是朝向"鬼门"方向的桃枝药力最佳。过去象征特权的王杖，现在成了寿星手中祛病强身的长寿吉祥物。

说起寿星，还是以南极老人星或南极仙翁身份最为出名。在《封神演义》中，他是元始天尊的大弟子，是白鹤童子的师傅，是神话传说中掌控人间寿命的老仙翁。南极仙翁的道行极高，远在众师弟太乙真人、文殊广法天尊、普贤真人、慈航道人之上。在封神大战中，他曾多次帮助师弟姜子牙，为武王伐纣出谋划策，身先士卒。姜子牙封神之后，他被封为南极长生大帝（图2-16）。

图 2-16　海南南山大小洞天之南极仙翁

元明以来，道教神仙队伍不断壮大，而保佑长寿已是神仙的必做功课。如南极大帝、南斗北斗、十二生肖保命真君、三十六天罡、六十本命甲子神等等，都具有保佑长寿的职能。不加节制地造神，其结果就是导致权力分散，大大削弱了寿星的神性。

明朝政府下令取消自秦汉以来沿袭的国家祭祀寿星制度。寿星完全去除了政治色彩。福禄寿三星起源于远古的星辰，质朴的人民崇拜古人，虽然他们后来失去了高高在上的神威，却走入寻常的千家万户，成为中国古代最具世俗品格的神仙，成为我们这个民族追求健康长寿的精神寄托。他们的形象深入民间，存在于百姓生活的方方面面（图2-17）。

图 2-17　民间日用品的寿星形象

福禄寿三星高照，人们常用"福如东海，寿比南山"祝愿长辈幸福长寿。道教创造了福、禄、寿三星形象，迎合了人们的这一心愿，"三星高照"就成了一句吉利语。

第五节　构件人物之天王

位置：最早出现在佛教建筑的屋脊或戗脊、戗角位置，后来随着寺庙建筑格局的变化，专置于山门内两侧；亦有部分寺庙专设天王殿供奉，或在寺庙主要建筑室内绘制壁画（图2-18）。

图 2-18　天王殿

四大天王，又称护世四天尊王，是佛教三十三天中的四位尊天大神，坊间传闻四大尊天王护世于须弥山山腰上的四天。根据佛教经典，须弥山腹有一山，名犍陀罗山，山有四山头，各住一山各护一天下（四大部洲，即东胜神洲、南赡部洲、西牛贺洲、北俱芦洲），故又称护世四天王（图2-19）。

图 2-19 四大天王像

东方持国天王，手持琵琶，而琵琶无弦，如果琵琶有弦就能弹响，法器一响就会地动山摇。

西方广目天王，手缠赤龙，而赤龙无足，如果龙有足就会腾空而起，翻云覆雨。

南方增长天王手握宝剑，而宝剑无鞘，如果宝剑入鞘就会执法不严，盗贼四起。

北方多闻天王，手持宝伞，而宝伞无骨，如果宝伞有骨就会撑开，就会遮云盖日。

佛教中第一重天又叫四天王天，他们的神像通常分列在净土宗禅宗佛寺的第一重殿两侧，因此又称天王殿。东方持国天王持琵琶，住东胜神洲。南方增长天王毗琉璃，持宝剑，住南赡部洲。西方广目天王留博叉，持蛇（赤龙），住西牛贺洲。北方多闻天王毗沙门，持宝伞，住北俱芦洲。中国神话中托塔李天王李靖就是从多闻天王演化而来。四大天王也被称为"风调雨顺"。中国佛教徒认为南方增长天王持剑，司风；东方持国天王拿琵琶，司调；北方多闻天王执伞，司雨；西方广目天王持蛇，司顺，组合起来便成了"风调雨顺"（图2-20）。

| 东方持国天王 | 南方增长天王 | 西方广目天王 | 北方多闻天王 |

图 2-20 四大天王形象

"风调雨顺"，最早出自《旧唐书·礼仪志一》引《六韬》："既而克殷，风调雨顺。"形容风雨适时，气候调和，遂人所愿。在民间的传说与故事中，因为有了四大天王主管"风调雨顺"，故没有地动山摇（地震），没有翻云覆雨（洪涝灾害），没有盗贼四起（财物丢失），没有遮云盖日（极端气候），所以才会天下太平，幸福安康。

佛教传入中国后，从寺庙格局到佛教文化都逐渐融入了传统的中国文化。在寺庙的各个门户和殿堂也悬挂了很多有趣的对联。在广东南华寺天王殿就有这么一副对联。

上联：多闻正法，以广目光。

下联：增长善根，而持国土。

此联分别将东方持国天王、南方增长天王、西方广目天王、北方多闻天王嵌入联中，既工整对仗又贴合环境，妙不可言。

第六节　构件人物之雷电风雨

位置：牌坊乌头柱头（图 2-21）

图 2-21　文庙棂星门

风伯，又名风师、箕伯，名字叫作飞廉，为古代神话传说中的神。传说他是蚩尤的师弟，相貌极其古怪，长着像鹿一样的身体，并且全身布满了豹子一样的花纹。长着孔雀一样的脑袋，头上的角非常古怪，且其中一个像一条蛇，另一个像尾巴，在祁山修炼。其具有可以掌八方消息，通五运之气候的本领，故被称为风伯。道教认为风伯是一个白发老人，左手持轮，右手执扇，作扇轮子状，称风伯方天君（图 2-22）。

风伯

雨师

雷公

电母

图 2-22 济南府学文庙棂星门柱头

雨师，又称萍翳、玄冥。在中国古代神话传说中，雨师是掌管雨的神，常与风伯一块出现。《山海经·大荒北经》中曾写道："蚩尤作兵伐黄帝，黄帝乃令应龙攻之冀州之野；应龙蓄水，蚩尤请风伯雨师，纵大风雨。"道教认为雨师为一乌髯壮汉，左手执盂，内盛一龙，右手若洒水状，称雨师陈天君。

雷公又名雷神，为古代神话中主管打雷的神。在古代神话中，雷神是一个人头龙身的怪物，敲打它的肚子就发出雷声。后来慢慢变成尖嘴猴脸的形象。道教雷神有很多种，最高层称为雷王。传说雷王出生于广东省的雷州半岛，名叫陈文玉，后来成为神仙。雷公在古建筑构件中占据很重要的位置，本书其后还要详细介绍雷公柱。此外，雷公的造型与后面介绍屋顶走兽中第十位"行什"形象一致，也可以认定为是相同的神仙。

电母，又称闪电娘娘，是古代神话传说中掌管闪电的神。相传，电母为雷公的妻子。据说当雷公与电母吵架时，天上也会出现雷电交加的现象。道教所尊奉的女神之一就有电母。

古代，在民间没有现代的天气观测水平，为祈求风调雨顺，常由地方乡绅组织设坛一起祈求四神"风雨雷电"显灵，保佑年年丰收。

第七节 构件人物之八仙

位置：多出现于雀替木雕与墙面砖雕、南方民居驼梁雕刻上（图 2-23）。

图 2-23　八仙过海砖雕

　　八仙是中国民间传说中广为流传的道教八位神仙。八仙之名，明代以前说法不一，有汉代八仙、唐代八仙、宋元八仙，所列神仙各不相同。至明代吴元泰《东游记》始定为：铁拐李（李玄）、汉钟离（钟离权）、张果老（张果）、吕洞宾（吕岩）、何仙姑（何琼）、蓝采和（许坚）、韩湘子、曹国舅（曹景休）。据华轩居士考证，北宋中期应铁拐李之邀在石笋山聚会时始有八仙之说。后有"八仙过海，各显神通"名言。

　　八仙的传说起源很早，但对具体有哪些人物有多种说法。如淮南八仙，所指即助西汉淮南王刘安著成《淮南子》的八公，淮南王好神仙丹药，后世传其为仙，淮南八仙之说可能附会此事而起。五代时道士作画幅为蜀中八仙，所画人物有容成公、李耳、董仲舒、张道陵、严君平、李八百、范长生、尔朱先生。

　　八仙的事迹多散见于唐、宋时的书籍中，但当时还没有形成"八仙"这样一个群体。真正集八人合称"八仙"的，是在元人创作的杂剧中。这些杂剧都并称八位神仙，但人名有出入，各家不尽相同。

　　自从明代吴元泰的演义小说《东游记》一书问世后，"上洞八仙"才因之选定。吴元泰排定八仙的顺次为：一、铁拐李，二、钟离权，三、蓝采和，四、张果老，五、何仙姑，六、吕洞宾，七、韩湘子，八、曹国舅。这八仙的组成及排名次序，已经与后来所传八仙完全吻合，说明大多数人接受了吴氏的说法（图 2-24）。

图 2-24　八仙人物牛腿木雕

在民间传说中，八仙分别代表着男、女、老、少、富、贵、贫、贱，由于八仙均为凡人得道，所以个性与百姓较为接近，为道教中相当重要的神仙代表，中国许多地方都有八仙宫，迎神赛会也都少不了八仙。俗称八仙所持的檀板、扇子、洞箫、渔鼓、宝剑、葫芦、荷花、花篮八物为"八宝"，代表八仙之品。文艺作品中以八仙过海、八仙献寿最为有名。今西安市有八仙宫（古称八仙庵），其主要殿堂八仙殿内奉八仙神像（图 2-25）。

图 2-25　比较少见的八仙木雕牛腿

宋、元以来，人们不断把中国民间的种种传说加到八仙的身上，使八仙的故事越来越丰富、离奇和神采飞扬，差不多成了老百姓心目中神仙的总汇与顶级代表。而到了明、清时期，更是出现了许多以八仙故事为题材的文学作品。一方面，作者作为道家的信徒，在书中宣扬道教宗旨，劝诫世人抛弃荣华富贵，割舍骨肉亲情，经受磨难、考验，以追求得道成仙；另一方面，则是中国民间传说附着于神仙故事，使本来面目呆板的神仙更具人情味，且活灵活现。同时，将神仙事迹与市井生活巧妙地融为一体，从而更加生动、贴切。这也是使八仙故事受到群众喜爱、流传不衰的原因（图2-26）。

图 2-26　八仙人物墙面木雕版

八仙是"人仙"的代表，在古代具有很强的教化意义，最熟悉的便是俗话"八仙过海，各显神通"。许多古建筑的构件中雕刻或描绘八仙的形象，是主人为了告诫自己的子孙，不是每个人都可以经商发财或考取功名做官的，但至少你要有一技傍身，如此才能行走天下、无所惧怕。

第八节　构件人物之门神

位置：屋门上雕刻或张贴，户门两侧牛腿雕刻，两侧墙芯镶嵌。

门神的前身是桃符，又称"桃板"。古人认为桃木是五木之精，能克百鬼。古人把桃木板挂在入口的门板上，作为辟邪克祟之用。后来随着生活条件与艺术水平的发展，逐步在桃木板上产生了雕刻和绘制，继而出现了避瘟驱鬼的图案和寓意。直至后来出现了人物的形象（图2-27）。

图 2-27 神荼、郁垒画像石

在古代中国，门神的属性、形象多次发生变动。先秦、秦汉时期，源于女性祖先神的神荼、郁垒，是当时比较盛行的门神形象。南北朝时，随着佛教的盛行，门神形象也深受影响。唐代，钟馗成为主要的门神形象。宋元明以后，以秦琼、尉迟恭为代表的武将门神，日益盛行。

最早的关于门神的传说是汉代应劭《门神篇》中的神荼和郁垒。故事是这样的：在远古黄帝时代，曾有兄弟二人在一座名叫度朔山的山上的一棵桃树下，捉住了一群恶鬼。这两兄弟知道这些恶鬼作恶多端，为祸人间多年，当即就用草绳捆绑起来，拿去喂老虎，这群恶鬼就这样被这两兄弟给消灭了。这两兄弟的名字叫神荼和郁垒。到后来，这件事情被黄帝知道了，于是他便叫画匠把这两兄弟的相貌画在桃木做成的板子上，用以镇魔避邪，驱除妖鬼。

神荼是中国民间传说中能制伏恶鬼的神人，最开始出现在上古神话中。一般位于左边门扇上，身着斑斓战甲，面容威严，姿态神武，手执金色战戟，故中国民间称他为门神，表达了古代人民消灾免祸、趋吉避凶的美好愿望。郁垒是中国民间信奉的神仙。古代人们为了驱凶，在门上画神荼、郁垒，亦有驱鬼避邪之效果。左扇门上叫神荼，右扇门上叫郁垒，中国民间称他们为门神（图 2-28）。

图 2-28　《门神篇》中的神荼和郁垒

　　到元代以后，民间所贴的门神有所演变，新增的秦叔宝、尉迟恭二人作为武门神普及最广。将秦叔宝、尉迟恭二人"转型"为门神是源于《西游记》和《隋唐演义》两部小说。《隋唐演义》里的故事：唐太宗李世民成就帝业时杀人无数，即位后夜间多做噩梦，李世民召众将群臣商议，让秦琼与尉迟恭二人每夜披甲持械守卫于宫门两旁。久而久之，太宗念秦琼、尉迟恭二将日夜辛劳，便让宫中画匠绘制二将之戎装像，怒目发威，手持鞭锏，悬挂于宫门两旁，此后邪祟全消（图 2-29、图 2-30）。

图 2-29　大门两侧砖雕门神

图 2-30 大门外牛腿木雕（门神在一部分地区给请到了大门两侧的牛腿上）

北宋结束了五代十国混战割据的局面，人民生活得以安定，生产也渐渐好转，尤其是造纸、印刷术的发展，使门神画开始大量印刷，普及各地。此时，北宋的第三位皇帝一手打造出一对风马牛不相及的门神组合：赵云和伍子胥。这两人一位是三国时的白马将军，一位是战国时惨死的忠臣，到底是怎么被放到一起做了门神？这还要从宋代说书人传讲的一则故事说起。一次宋真宗在武庙里举行祭祀活动。有大臣奏本，说伍子胥曾经鞭打楚王的尸体，赵云也曾当众呵斥主公刘备的夫人，这都是大逆不道、欺君犯上的行径。两人在武庙里享受香火祭祀不很适宜。宋真宗思索一番，说他们虽然有此过错，但也堪称一代英雄。作为一个折中的办法，将两人塑像移出，安放在武庙门口接受祭祀。这可能给当时汴梁的舆论界造成误导，以为皇帝加封他们两人为武庙的门神。民间开始纷纷效法，于是这两位本不相干的古代英雄，并肩携手进入了门神班底。

另外，门神的地域性也非常强。门神在全国各地各有不同，如河南人所供奉的门神为三国时期蜀国的赵云和马超。河北人供奉的门神是马超、马岱哥俩，冀西北则供奉薛仁贵和盖苏。陕西人供奉孙膑和庞涓，黄三太和杨香武。而汉中一带张贴的多是孟良、焦赞这两条莽汉子。最有趣的是京北密云一带供奉的门神竟是夫妻二人——杨宗保与穆桂英。

还有唐宋时期苏州和江南很多地方春节时贴的门神，一个是寒山，一个是拾得，一个手捧竹篾盒，一个手持荷花，两人笑容可掬，一副逗人喜爱的模样，也称"和合二仙"（图2-31）。

图 2-31　苏州寒山寺称为和合祖庭

和合二仙的源起，可追溯至唐代。有个民间故事说唐睿宗的女儿出嫁后多年无子，遍求名医无果之际，来了一位毛遂自荐的僧人。僧人名"和和"，直言："但得三千匹绢，定保公主有嗣，且为两子。"公主依言，于年初岁末各诞一子。此事流传开来，民间便拜这位僧人，以求添丁进口（图2-32）。

图 3-32　和合二仙影壁砖雕

另一则故事说宋朝年间，有一位称为"万回哥哥"的僧人，俗姓张氏，虢州人，他有一位戍边的兄长，很久没有音信，父母想念至极，在此情况下，张回一日往返万里，探望兄长并带回平安手信。旁人了解后以"万回"称张氏，是万里归家团圆之意。慢慢地，和和僧人与万回哥哥合体，成为民间共同祭拜的"和合二仙"。

"和合二仙"还有民间神话传说版本。传说"和合二仙"为了点化迷茫的世人，才化身寒山、拾得来到人间的。二仙的原型是唐代僧人寒山与拾得，二人相交甚厚，和睦同心。唐朝初年，天台山国清寺的丰干禅师出门化缘，在路边捡到一个被人抛弃的男婴。禅师不忍便把他抱回国清寺哺养。等这孩子长到六七岁时，便派在寺庙的厨房内打杂。寺庙里的众僧因为不知其父母姓氏，便按他的来历，叫他"拾得"。同时国清寺外面，有个年岁同拾得相仿的乞丐，也不清楚他的来历，只知他很小的时候，便常来寺庙前"骂山门"，和尚们吓唬他，他却哈哈大笑，并不害怕，后来众僧发现这个乞儿就住在寒岩的石穴内，便叫他"寒山"。寒山和拾得结识后，相见如故，情同手足。拾得常把自己的那一份斋饭盛在一个圆形的食盒中，带到寒山住的石穴内，与他分享。国清寺的和尚见他俩如此要好，便让寒山进寺与拾得一起当国清寺的厨僧，自此后，他俩朝夕相处，更加亲密无间。谁知长大后，二人同时爱上了一个姑娘，烦恼便随之出现了。于是，寒山决意割断情丝，一个人去苏州枫桥边结庐修行。拾得知道真相后，大生感激之情，便揣起那个食盒，走下了天台山，一路化缘，一路打听寒山的音讯。寒山听说了拾得来寻找自己的消息，便忙折一枝盛开的荷花，迎接于五里之外。小别重逢，两人欢喜逾常。寒山用荷叶给拾得掸尘，拾得捧上食盒，同他共享刚募化来的饭菜，说说笑笑，很快又回到了无忧无虑的境界中。经过这一次小小的情劫，这两个天资聪颖、生有慧根的少年，彻底摆脱了尘缘。从此便结伴募化，发愿立庙，后来在苏州城外建起了一座寺庙，这就是名动天下的"姑苏城外寒山寺"。"寒山寺"也因为他们的和合思想深入人心而屡次复建（图 2-33）。

门板芯

图 2-33　和合二仙分别雕刻在两扇门板芯

　　清雍正十一年（1733 年）皇帝诏令：敕封寒山为"妙觉普度和圣寒山大士"，拾得为"圆觉慈度合圣拾得大士"。后来古建筑中相关相连相合的双窗，也称为"和合窗"，名称即源于此。和合窗也是支摘窗形式的一种，它较多地在江南民居中使用。和合窗多安装在建筑的次间，一间三排，每排三扇，也有多于三扇的。其上下两排窗扇固定，中排则可以打开用摘钩向外支起。窗扉呈扁方形，窗下设栏杆或砌筑墙体。和合窗的内芯纹样也多种多样（图 2-34）。

图 2-34　苏州留园

　　寒山寺佛像背后与别处寺庙不同，供奉着唐代寒山、拾得的石刻画像。寒山右手指地，谈笑风生；拾得袒胸露腹，欢愉静听。两人都是披头散发，憨态可掬。寒山与拾得两位因为笑口常开、乐为大家排解祸难，被民间奉为欢喜之神，并将他们俩少年时的形象画成瑞图，专门悬挂在举行婚礼的喜堂上，以示祝福。寒山手执荷花，谐个"和"字；拾得拿个食盒，谐个"合"字，二人一持荷花，一捧圆盒，象征"和（荷）谐合（盒）好"，寓意"和合"，暗寓夫妻和谐合好的意思。所以"和合二仙"也是我国民间的爱神，是和美团圆之神（图2-35）。

图 2-35　杭州灵隐寺和合二仙石刻栏杆

　　除以上几个影响较大的门神，旧时苏州地区又曾以温将军、岳元帅为门神。《吴县志》云："门神彩画五色，多写温、岳二神之像。"此"温"神传说是晋代的温峤，还有说是东岳大帝座下的温将军，"岳"神就是指岳飞。自南宋灭亡以来历朝历代对岳飞的形象都推崇备至，很多地方都有其岳家形象的门神画像，有岳飞与韩世忠的，也有岳云、杨文广的，同时有的地区还有关羽、黄忠的，甚至还有杨再兴、高宠等历史人物的。这就出现了一个较为有意思的现象，很多地方会同时供奉多种门神（图2-36）。

图 2-36　各地不同的门神像

当然，很多古迹景区门上的形象不都是门神，也有混淆视听的，有的影视剧组为了环境气氛的需要，创作了一些类似门神的形象，寓意也很明确，一般是"加官进爵""富贵进门"之类的吉祥图案，大家看到后知道不是传统真门神就是了（图 2-37）。

图 2-37　山东邹城孟府

第九节　构件人物之角神

位置：明清以前的古建筑中四角大角梁下的支托。

我们一般参观古建筑时，经常看到雄壮的体量、灿烂的琉璃瓦、美丽的雕刻，却往往忽略掉一个小构件——角神。为什么说这个构件最不起眼呢？第一，这个构件由于性质和所在位置特殊，并不是每一组铺作（明清以前的斗拱称为铺作）层中都有；第二，该构件与所在铺作层中的其他构件结合程度不密切，常常随着地震，材料缩胀脱落，丢失不见；第三，该构件的构造作用不大，主要起装饰作用，所以容易让人忽略（图 2-38）。

图 2-38　山西平遥双林寺大雄宝殿转角处的角神构件

关于"角神"的权威性定义有两个：一是梁思成在《梁思成全集·第七卷》第 251 页中解释说"宝瓶是放在角由柳之上以支承大角梁的构件，有时刻作力士形象，称角神。"二是陈明达在《"营造法式"辞解》第 174 页解释说，角神是"坐于转角铺作由柳平盘枓上，上承大角梁"的构件。图 2-39 是山西高平古中庙上的角神，由于年代久远，形象感觉寒酸了许多。

图 2-39　山西高平古中庙的角神构件

　　角神的形象一般是力士的形象。在唐代，学业日就，文武不坠，擅长射箭者被称为力士。造型多见于唐代石塔建筑的雕刻中，其造型多为上身裸体，肌肉饱满突兀，躯干魁伟。力士身体肌肉健硕，与后来西方文艺复兴时期的雕塑风格有的一拼，但是比西方文艺复兴的时间早了很多年（图 2-40）。

图 2-40　山东济南神通寺龙虎塔力士形象

第十节　构件人物之雷公柱

　　位置：庑殿顶建筑梁架推山做法，脊檩悬空于梁架之外的支柱。

　　雷公又称雷神或雷师（图 2-41）。古代神话传说中的司雷之神，道教奉之为施行雷法的役使神。说他"主天之灾祸，持物之权衡，掌物掌人，司生司杀，辨善恶。"也就说明雷公可以替天惩恶劝善，因此被尊为"九天应元雷声普化天尊。"《山海经·海内东经》载："雷泽中有雷树，龙耳而人头，鼓其腹则雷鸣。"其所播之雷也称"天鼓"。

图 2-41 雷公像

　　传说雷公和电母是一对夫妻。雷公名始见于《楚辞》，因雷为天庭阳气，故称"公"。雷公的形象基本就是《封神榜》中雷震子的造型，也与屋顶走兽第十个称为"行什"的差不多，这个行什整个中国也就北京故宫太和殿的屋角上有它，想看它只能到北京故宫一日游。

　　历朝历代经常有古建筑遭受雷击发生火灾事故，而古人又没明白其中的道理，就迷信地认为是雷公作祟，所以在古建筑中用"雷公柱"来做避雷装置，也算是"以夷制夷"了。这种装置有三种形式：一是亭、阁上的宝顶及佛塔的塔刹，下面设有雷公柱；二是牌坊之类的建筑，在高架柱处设雷公柱；三是殿堂的顶上，在屋脊两端的正吻下面，也设置雷公柱。古代匠人懂得建筑物的这些部位，是房屋的最高处，而且是尖端，都是最易受雷击的地方（图 2-42）。

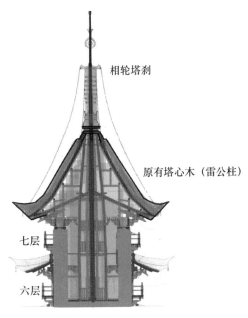

图 2-42　古塔结构雷公柱位置

雷公柱、檐柱、角梁等，所用的木材大体有：楠木、格木、松、柏等，这些木材都有一定的导电性，有的也用金属（铜、铁等）。因为没有掌握雷击的最主要原理，古建筑中的避雷措施其实都作用不大，就连紫禁城也避免不了雷击的突发灾害，所以现在为了保护古建筑采用的都是现代方式的避雷系统（图 2-43）。

此柱起到雷公柱作用

图 2-43　山西晋祠

第十一节　构件人物之童柱

位置：梁架中矮柱，多见于歇山顶结构中。

童柱即矮柱，如脊童、金童、边金童（川童柱），因其矮短，就像未长大的孩童，故形象地称为"童柱"。是一种下端立于梁、枋之上的短柱，其断面或方或圆，有的称为"灯笼柱"，也有称"瓜柱"，且有金瓜柱和脊瓜柱之分，其高度超过直径，功用与檐柱、金柱相同，用于支顶上层檐或平座支柱。宋时叫侏儒柱或蜀柱，明代以后统称瓜柱、童柱（图2-44）。

童柱

图2-44　童柱位置图

童柱位置比较清晰，柱下脚常落在梁背上，上端承托梁枋等构件，童柱柱根也多与墩斗相连。功用与重檐金柱相同，建筑中下端不落地，是古建筑大木作构件之一。有三种解释：第一，清式建筑中的小矮柱泛称，以区别梁架柱子，诸如檐柱、金柱等长柱；第二，楼阁式建筑上层平台之上的檐柱，也称"平台檐柱"，大式建筑的"童柱"直径为6.6斗口；第三，也称"灯笼柱"，处于顺扒梁与抹角梁之上，属于短柱之列，其柱脚榫，通常为双榫做法，童柱的高度以两步架加上举高确定（图 2-45）。

图 2-45　太原关帝庙童柱

第十二节　构件人物之女墙

位置：盝顶建筑挡水矮墙以及城墙上面的短墙（图 2-46）。

图 2-46　女墙位置图

女儿墙是建筑物屋顶四周的矮墙。它是建筑墙体中的一种形式，最早叫作女墙，又叫女垣，实际名称为压檐墙，民间称城垛子。古时女墙也称宇墙，建在城顶外沿的女墙也称垛墙。女墙用于城顶防护和御敌屏障，是古代城墙必备的传统防御建筑。《释名·释宫室》："城上垣，曰睥睨，……亦曰女墙，言其卑小比之于城。"意思就是因为古代的女子，是卑小的，没有地位的，所以就用来形容城墙上面呈凹凸形的小墙，这就是女儿墙这个名字的由来。宋《营造法式》："言其卑小，比之于城，若女子之于丈夫也。"另一个较好的说法是说女墙是仿照女子"睥睨"之形态，在城墙上筑起的墙垛，后来便演变成一种建筑专用术语（图2-47）。

还有一个说法，古时候女儿墙都是基本靠妇女修建的，男人主要是负责修建主城墙。这个说法有点儿牵强附会。

图2-47 天津宝坻寺庙女墙

李渔在《闲情偶寄·居室部》中写道："予以私意释之，此名以内之及肩小墙，皆可以此名之。盖女者，妇人未嫁之称，不过言其纤小，若定指城上小墙，则登城御敌，岂妇人女子之事哉？"

按照李渔的书《闲情偶寄》中记载的，"女墙"则应是用来防止户内妇人、少女与外界接触的小墙。原来，古时候的女子大多久锁深闺，不能出三门四户。但是小墙高不过肩，又可以窥视墙外之春光美景，况且墙是死的，可人却是活的，所以这女儿墙又成就了许多才子

41

佳人的故事。后来女儿墙这种建筑形式既成全了古代女子窥视心理的需要，又可以避免被人耻笑的尴尬。女子往往会在一瞥之间，便能一见钟情，发现自己的意中人。这个说法估计大家更能接受。

现代的定义女墙是指建在城墙顶部内外沿上的薄型挡墙，一般称为"女儿墙"（图2-48）。上人屋面的女儿墙的作用是保护人员的安全，并对建筑立面起装饰作用。除围护安全外，不上人屋面的女儿墙的作用除立面装饰作用外，固定防水卷材还可以当拦水和做防水收头封边之用，防止出现渗水的问题。女儿墙高度不得小于1.2米，而为避免业主刻意加高女儿墙，方便以后搭盖违建，亦规定高度最高不得超过1.5米，作用还是很大。

图 2-48　现代建筑上人屋面

第十三节　构件人物之美人靠

位置：廊亭阁楼外围坐凳的护栏。

"美人靠"也叫"廊椅""飞来椅""吴王靠"，学名"鹅颈椅"，是一种下设条凳，上连靠栏的木制建筑，因向外探出的靠背弯曲似鹅颈，故名。其优雅曼妙的曲线设计合乎人体轮廓，靠坐十分舒适。通常建于回廊或亭阁围槛的临水一侧，除休憩之外，更兼得凌波倒影之趣（图2-49）。

图 2-49 苏州留园美人靠

　　"蛾眉凭间凭蛾眉，美人靠上靠美人"，相传春秋时吴王夫差为西施设鹅颈护栏，专供其二人休息所用，吴王经常陪伴美人凭栏倚坐，所以古时称为"吴王靠"。吴国消亡后，西施的故事一直流传，吴王逐渐靠边站了，名称也逐渐改为了"美人靠"。随着时间的推移，美人靠在民间盛行，也留下了诸多美丽的哀愁。古时女子皆深闺居处，不允许抛头露面，活动场所与精神世界也都极为有限。当她们百无聊赖之际，只得登楼瞭望、凭栏寄意。那些美人靠，就曾印下数不尽的寂寞身影在蹙眉凝眸、引颈顾盼（2-50）。

图 2-50 现代合院园林美人靠

美人靠的样式种类繁多，不同地方的美人靠流露着不同的韵味。在徽州深宅大院内，美人靠靠的是女主思君的凄美。西楼的月缺了又圆，却没有心上人的归期。更何况，韶光易逝、花开不再的慵懒闲愁轻易就涨满了胸臆。

在今天的瘦西湖长堤春柳歇脚亭四周的美人靠上，南来北往的观光客小憩、赏景，湖光水色，烟波画船，扑面而来，令人目不暇接，心旷神怡。在扬州民居，何园"宜雨轩"廊庑边沿上，回忆起美人靠上靠的是丫鬟们休憩时短暂的静谧。但是先别急着回味，这里还有另一个插曲，在苏州园林里，美人靠很多都是给丫鬟小憩用的，看着美观坐着不爽，下面的坐凳设计得很窄，只能将就坐下，这样丫鬟们只能小坐，坐久了很不舒适，就只能起来继续干活了，我们既不齿财主家的奴役心态，也佩服古时营巧的工匠智慧（图2-51）。

图 2-51　扬州何园美人靠

第十四节　构件人物之霸王拳

位置：柱头上枋外的枋头。

枋子在与柱头搭接处外留籍紧枋头制成凸凹如握拳状花形，历史上匠师们形容如力握千斤的西楚霸王用手固定紧柱头一般牢靠，因此名为"霸王拳"（图2-52）。

霸王拳

图 2-52　霸王拳位置图

"霸王"一词源自项羽。项羽是楚国名将项燕的孙子、项超的儿子，自小由叔叔项梁养大，是楚国的贵族，因被封于项地，所以以封地为氏。传说项羽力能扛鼎，气压万夫，年轻时志向便极为远大。一次秦始皇出巡在渡浙江时，项羽见其车马仪仗威风凛凛，便对项梁说："彼可取而代也。"大泽乡起义不久，项羽同叔父项梁在会稽郡斩杀郡守之后迅速崛起，举兵反秦。几近成就伟业，最后败于刘邦，上演了一出霸王别姬的历史大剧。

历史上古建匠师们将霸王拳这个构件，比喻如力握千斤的西楚霸王用铁拳固定紧柱头一般牢靠，口口相传，约定俗成（图2-53）。

西楚霸王项羽

图 2-53 项羽雕像

第十五节 构件人物之金刚腿

位置：古建筑大门门槛两端。

说到古建筑的金刚腿，不得不提明代著名的工匠蒯（kuǎi）祥（1398—1481 年）。他的爷爷蒯思明和父亲蒯福都是当时著名的木匠，他父亲还曾经主持过南京皇宫的修建。蒯祥自幼随父亲学艺，后来随父亲一起参加了北京紫禁城的建设工程。因为技术突出很快被提为主管设计和营造的"营缮所丞"。

经过了十几年的修建，紫禁城快要竣工了，皇帝带着群臣来视察时很高兴，决定赏赐蒯祥并应允完工后给蒯祥升官。旁边的工部右侍郎听说这次的功劳都给了蒯祥并且要升官，很嫉妒并感觉自己的官位将会被蒯祥替代，所以就考虑怎么破坏蒯祥的工作。不久在一个风雨之夜，工部右侍郎终于等到了机会，他溜进施工工地，把大殿正门的门槛从一头锯断了一截。目的是想让皇帝看到后治蒯祥的罪，就不会对自己的官位造成影响了（图 2-54）。

抱鼓石

金刚腿断槽

门墩

门下坎位置

图 2-54 北方民居做法

第二天雨停后，蒯祥来到工地一看被锯短的门槛，很吃惊，因为这个材料是缅甸进贡的名贵木材，据说这个材料仅此一根。皇帝看到这根木料也很喜欢，亲自安排用在大殿门口的。蒯祥皱着眉，冥思苦想，最终他想到一个好办法，他把门槛的另一端也锯一样短，再在两边各做一个槛槽，又在门槛两端各雕了一个活龙活现的龙头，精巧美观。

皇帝来了后看到这根门槛很新奇，蒯祥汇报说，这是他单独为了这座大殿设计的门槛样式，并做了详细的演示。皇帝看后很高兴，最终任命蒯祥做了工部侍郎。

这根门槛的做法因为设计巧妙，操作灵活，坚固耐用，逐步地流行开来并流传到了民间，因其坚固又安装在门的下部，形如金刚天王的大腿，脚底穿靴，脚尖跷起，十分形象，故被称为"金刚腿"。

在传统民居门口都会有这根门槛，主要作用是挡风、聚气。有些门槛并不高，抬抬脚也就过去了，但是有些门槛非常高，甚至可以直接坐在上面，脚还能不着地。我们常说，"门槛高"，不是真正的门槛修得有多高，而是完成一件事情的难度很大，因为难度大，都可以说是门槛很高，如果不努力抬起脚，是过不去的（图 2-55）。

图 2-55 苏州西园寺门槛样式

　　还有其他古建筑做法名称与金刚有关，即须弥座，也名金刚座，这里不做介绍。

第十六节　构件人物之人字斗

　　位置：古建筑梁架与柱头之间。

　　顾名思义"人字"斗就是形象是一个"人"字的斗拱，在早期建筑资料（壁画、石雕、画像石线刻）中，汉至北魏多用直脚人字拱，两晋南北朝渐变为曲脚人字拱，且出现单独使用、与一斗三升拱组合使用、在拱脚间加设短柱等组合形式。唐代以后人字拱的使用极为少见（图 2-56）。

图 2-56 现代仿唐建筑

在中国传统文化中，人虽然是天地所生的万物之一，但是可与天地并列为三（图 2-57）。

图 2-57 大同云冈石窟大门与石窟内景

第三章 构件造型与动物形象

第一节 构件动物之龙

位置：广泛存在于皇宫建筑的各个位置，因所处位置不同，形象也有万千变化。官式和皇家寺庙建筑一般布置在屋面的脊兽与彩绘中。民间建筑在古代禁止使用龙的形象，因闽南地域遥远，有部分建筑屋脊有龙的灰塑（图3-1）。

图 3-1 雕龙梁枋

龙壁一般用作建筑物的照壁，多建于皇宫、王府、庙宇门前，既可作为院落建筑的屏障，又能烘托建筑，使其展现出肃穆、壮丽之感（图3-2）。

图 3-2　山西大同九龙壁片段

　　中国人称自己是龙的传人，以龙为祖先。龙的历史在中华大地源远流长，遍及南北。龙是怎么形成的？历来众说纷纭，有从鳄、从蛇、从蜥蜴、从马、从猪、从闪电、从虹霓等说法。笔者的观点是"模糊集合说"，其思路是这样的：新石器时代的先民是以原始思维面对身外世界的，而原始思维又是以直观表面性、整体关联性、非逻辑的神秘性和群体表象性为特征的"模糊思维"。这样的思维足以导致我们的祖先不清晰、不精确、不唯一地将身外世界的种种对象，集合、升华成若干个"神物"，然后加以崇拜（图 3-3）。

图 3-3　山西太和琉璃影壁

51

在北方内蒙古的三星他拉于 1971 年发现了玉雕的猪龙，据专家考证其年代大约距今 6000—7000 年前；西安半坡仰韶文化遗址中，出土有陶壶龙纹；远隔千里之外的江苏吴县良渚文化出土的器物上，刻有一种似蛇非蛇的勾连花纹，即是古越人的龙图腾崇拜的象征。这说明，至少在新石器时代中期就有了关于龙的图腾崇拜。龙的形成起点大约在新石器时代，经过商、周的发展，到秦汉时便基本成形，脱离自然界中的具体动物形象，成为集诸种动物灵性与特长于一身的特殊动物。到唐代，龙成为天子的专利。龙纹只能用于皇帝的衣服器物，龙成为皇权的象征（图 3-4）。

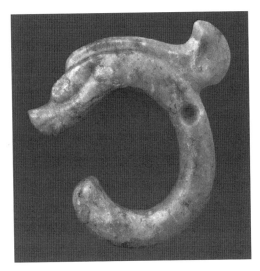

图 3-4　玉猪龙

历代皇帝也将自己说成是真龙天子，故在帝王所生活起居的宫殿内外均装饰着众多龙的形象。那么，我们就拿紫禁城太和殿为例，看看在大殿上到底"藏"了多少条龙。

太和殿的总面积达两千多平方米，由 72 根楠木大柱所支撑，太和殿内外装饰得富丽堂皇，在整个太和殿内外雕刻与彩绘着众多龙纹，这是封建社会最高等级的建筑形式。大殿外的三层台阶每层都围有石雕栏板，在龙凤纹饰的望柱下面，伸出排水用的汉白玉螭（chī）首（龙头）1142 个，如遇下大雨时龙口会喷水千条，流水状如白练，此曾被誉为"千龙吐水"（图 3-5）。

图 3-5　北京故宫太和殿门前

　　太和殿殿顶采用重檐庑殿式大脊 1 条，重檐间围脊 4 条。每条脊的两边都有脊上插着宝剑张口吞脊的鸱吻，连同附在卷起的尾部两侧的行龙及檐角檐下的龙，共计有 28 条。屋脊上琉璃瓦烧制出的团龙行龙的龙纹计有 2604 条。外檐额枋等处彩绘有龙纹 2068 条，门扇裙板上有贴金的团龙 200 条，前后檐窗上有龙纹 24 条，隔扇及窗的鎏金饰件上有龙纹 3440 条（图 3-6）。

图 3-6　北京故宫太和殿内景

在面阔 11 间的太和殿殿内，其横竖梁枋和暗柱以及东西暖阁横竖梁枋上共有彩色龙纹 4307 条。太和殿的藻井为金龙藻井顶，藻井上画有 17 条大龙和小龙，大龙口衔轩辕镜，16 条小龙口含宝珠。据说，如果镜子下面宝座上坐的不是真龙天子时，宝珠就会掉落下来。1915 年袁世凯自称洪宪皇帝后，嫌原有的皇帝宝座坐着不舒服，另量体制作了个矮腿的皇帝宝座，在登基时他还因害怕藻井上的宝珠真的掉下来砸死他，就特意让人把宝座向后面做了移动（图 3-7）。

图 3-7　北京故宫太和殿内景

在太和殿内皇帝御座的区域，龙的数量更可谓数不胜数。金銮宝座上就雕刻有 9 条金龙，宝座两侧立有高 12.7 米的蟠龙金柱 6 根，每根金柱上还另有沥粉金龙 1 条，龙身缠绕金柱，龙首东西相向。在蟠龙金漆的平台之上，后部为金漆屏风，从上到下布满了金龙，屏风前面正中是雕龙金漆大椅，即皇帝坐的宝座，它有个"圈椅"式的椅背，4 根圆柱上雕有 4 条长龙圈成弧形，正面高，两头扶手渐低，正面的两立柱各盘一龙，在椅子的背板上也雕有阳纹云龙……在整个金銮宝座这块区域，雕龙及龙纹共有420条。

在太和殿正殿东西北三面墙壁上也有龙纹364条，在东西暖阁的扇门上还有雕龙及龙纹194条，另外在东西暖阁两侧，陈设的一对紫檀木的雕龙大柜上还有龙纹178条……

据不完全统计，整个太和殿内的龙雕龙纹等各种形式的龙，约有13844条之多。如果加上太和殿外石雕栏杆上的雕龙龙纹，太和殿内外共计有蟠龙行龙团龙及龙纹14986条。

说到太和殿，也顺便说一下宝座这里的摆设，皇帝宝座前陈设有成双成对的宝象、甪端（lù duān）、仙鹤、香筒和四个香炉。每当皇帝上朝，这些陈设都可以燃点檀香，香烟缭缭绕于宫殿内外，似云、似雾，神秘庄重。这些陈设、形象全是传说中的神鸟异兽和仿古彝器，都是吉祥、长寿、镇邪、安定之意。

宝象高大威严，体躯粗壮，性情温顺，四腿粗大，稳如泰山，象征着社会的安定和政权的稳固，所以取意"太平有象"。象背驮一宝瓶，盛着五谷或吉祥之物，表示五谷丰登、吉庆有余。大象驮宝瓶而来，寓意国家年年丰收和吉庆祥和。

甪端，是传说中的神兽，关于甪端的记载首次出现在汉朝，《汉书·司马相如传》中记载："其兽则麒麟、甪端……"可知当时已将甪端与麒麟并列，民间也常将甪端与麒麟视为一对兄弟。但此时的甪端似乎只是珍禽异兽中的一种，而不是神兽，没有什么特别技能。《说文》曰："角端兽，状似豕，角善为弓，出胡休多国。类'牛'者，出'鲜卑山''饶乐水'。"在民间也被称为"角端"。传说在秦始皇时期，关于其命名有一个典故，相传秦始皇有一禽兽园，用以圈养珍禽异兽。一日，秦始皇猎奇心起，命园官用园中之禽兽杂交，观其产出何物。所谓功夫不负有心人，经过园官们多年的努力，终于杂交出一异兽，园官们将其命名为"角端"，秦始皇观异兽其形，因其只有一角，觉之用"角端"不妙，遂赐名为"甪端"。

据说它通晓四方语言，日行18000里，带来广博知识，并捧书护卫在皇帝之侧，象征皇帝圣明公正，广知天下大事。

仙鹤，在古代传说中是神鸟，有起死回生、青春长寿之功，设于宝座两侧，寓意永保皇帝龙体康健，万寿无疆，帝王的江山社稷能流传万代，永世长存。

香炉，陈设的是清乾隆年间仿古代礼器鼎制作的掐丝珐琅香炉。它通身绘勾莲花纹，三象首为足，样子古朴，颜色鲜艳。它是祈天求祷器具，也是吉祥之物。香筒，是香炉的一种。清代皇宫内固定陈设之一，因顶子为亭子式，所以也叫香亭。铜胎掐丝珐琅香筒，做工精湛，内可燃放檀香，青烟从镂空筒身飘出，云烟缭绕，香筒寓意太平、安定、天下大治。

在几千年浩瀚的历史进程中，龙成为一种文化。龙的特性可以用喜水、好飞、通天、善变、灵异、征瑞、兆祸和示威来概括。它代表了中华民族深厚的文化底蕴。作为中国文化的象征，龙不是被帝王们全部霸占。在民间，龙仍然以各种方式出现。中国的各个民族几乎都有以龙为主题的传说和故事，人们以赛龙舟、舞龙灯来欢庆节日，以祭祀龙来祈求风调雨顺。在中国少数民族中，与龙有关的节日与民俗更是举不胜举。

云南瑶族在正月初五过龙头节，备祭品祭祀龙王。哈尼族也有类似的节日。贵州侗族在二月初二这一天要接龙，这一天全寨人要杀掉一头牛，每户分一块牛肉，名为"吃龙肉"，吃肉时要唱五龙归位的酒歌，最后要将牛角埋于地下。湘、黔交界地区的苗族在五月初五这一天过龙船节，在清水江赛龙舟，并伴有其他的庆祝活动。云南河口的瑶族有龙母上天节和龙公上天节。鄂西土家族的六月初六日为晒龙袍节。这一天家家户户都要将新衣物放在太阳下暴晒，同时还要有祭祀活动，并依据这一天的阴晴来判断下半年的雨水情况。云南普米族每家都在深山密林处有自家的"龙潭"，到祭潭之时，每家都要到自己的龙潭边上住三日，并搭成一座"龙塔"，作为龙神居住的宫殿，然后将祭品献于塔前，再由巫师祈祷，求龙神福佑。仪式结束后，向龙潭投入用面和酥油制成的面人50个。我国各民族与龙有关的节日及风俗各有不同，各具特色，但又都是建立在上古时的龙能施水布雨、福祸人间这一概念之上的，反映了中华民族文化多样性中的同一性，个性中的共性（图 3-8、图 3-9）。

图 3-8　山西太原晋祠

图 3-9　龙纹构件

龙在中国传统文化中，几乎无所不在。在中国的各个省区，都有与龙相关的名胜古迹或山川湖泊，每处又都有一段美妙的传说故事，其中与龙有关的内容数不胜数。

第二节　构件动物之龙九子

位置：古建筑屋面四角上走兽，根据每个龙子的特性又有其专属位置。

古建筑中官式建筑尤其是与皇家有关的宫廷建筑与龙有数不清的关系，在屋面、各处的雕刻、彩绘无处不体现龙的形象。我们知道龙的形成是聚集了很复杂的历史原因的，经过了几千年的发展演变，在宋代之后，关于龙的历史与家族有了更多的传说。龙在其形象形成过程中，曾汇集了多种怪异的兽形象。到后来，这些怪异的兽形象在龙形象发展的同时糅合了龙的某一种特征，形成了龙生九子各不相同的说法（图3-10）。

图 3-10　北京地坛鼓楼

但龙之九子为何物，究竟谁排老大谁排老二，并没有确切的记载。民间也有各种各样的说法，不一而同。据说有一次明孝宗朱佑樘曾经心血来潮，问以饱学著称的礼部尚书李东阳："朕闻龙生九子，九子各是何等名目?"李东阳竟也不能回答,退朝后七拼八凑,拉出了一张清单。按李东阳的清单,龙的九子是:趴蝮(pā fù)、嘲风、睚眦(yá zì)、赑屃(bì xì)、椒图、螭吻、蒲牢、狻猊(suān ní)、囚牛。不过在民间传说中的龙子却远远不止这几个,狴犴(bí àn)、貔貅(pí xiū)、饕餮(tāo tiè)等都被传说是龙的儿子。只要知道龙生九子的形成过程,就不难理解为什么龙生九子有这么多的说法。所谓龙生九子,并非龙恰好生九子。中国古代传统文化中,往往以"九"来表示极多,而且有至高无上的地位。九是个虚数,又是个贵数,所以用来描述龙子。如果非要选出九子来的话,也应该选出其中在民间影响最大的九个。李东阳也是一时急于交差,所提之名单并不具代表性。有的学者查阅了一些资料,并结合在各地旅行中所见的民间习俗,按民间影响、出现频率等因素重新列出了龙生九子的名单(图3-11)。

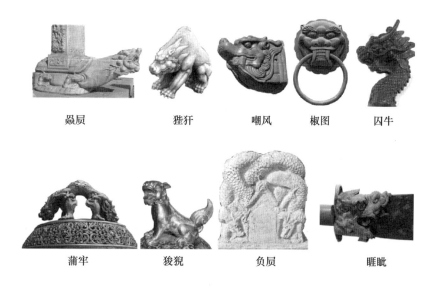

赑屃　　　狴犴　　　嘲风　　　椒图　　　囚牛

蒲牢　　　狻猊　　　负屃　　　睚眦

图 3-11　龙九子排列图

中国古代传说龙生九子,皆不成龙。意思是说龙生了九个儿子,没有一个长得像龙形的,九个儿子形态各异,功能不同,性格差异很大。根据历代的传说,根据每个龙子的特性的不同,它们被历代人民安排的功能和位置也是不同的,九子的名称和形象也有不同,有部分龙子与建筑的关系不大。我们现在比较熟悉的是以下的组合:

1. 老大赑（bì）屃（xì）

位置：古代遗迹或寺庙建筑中，驮碑的类似乌龟的动物。

赑屃，又名龟趺、霸下、填下，龙生九子之长，貌似龟，有齿，力大，好负重。其背亦负以重物，在石碑下的石龟为其形象。在拆除北京旧城墙时，在东便门和西便门的城墙下各发现半个赑屃，因此有赑屃驮着北京城之说（图3-12）。

图 **3-12** 赑屃形象

2. 老二狴（bì）犴（àn）

位置：古代牢狱和官衙门上兽形之物。

形似老虎，独角，又叫宪章。相貌像虎，有威力，性好囚也就是喜欢干狱讼之事，人们便将其刻铸在监狱门上或官衙正堂两侧。大概取其典章、效法词义（图3-13）。

图 **3-13** 狴犴形象

虎是威猛之兽，可见狴犴的用处在于增强监狱的威严，让罪犯们望而生畏。

明代杨慎《龙生九子》说："狴犴，形似虎，今狱门兽吞口，是其遗像。"如此来看，狴犴在古代的官方身份就好比现代社会看管罪犯的狱警。

3. 老三嘲风

位置：传统建筑四个屋角翘角的下部，角仔梁头探出的龙头即是。

嘲风也称"套兽"，平生好险，如今殿角走兽大都是其形象。在古代，还有一些建筑在屋檐的最外侧会伸出一小节的房梁，称为仔角梁。为了保护伸出的仔角梁不被雨水所侵蚀，便会在仔角梁上套上一个陶制的构件，后来就逐渐演变成了现在的套兽。套兽，是一种体积略大的兽。多为狮子头或是龙头的形状，传说它有凤凰的形象，身体是鸟的化身（图 3-14）。

图 3-14　仔角梁套兽位置图

在中国古老的神话传说中，套兽是龙的第九个儿子——嘲风。在明代李东阳的《怀麓堂集》中曾记载："嘲风，平生好险，今殿角走兽是其遗像。"意思是说龙太子嘲风平时喜欢险处，喜欢登高望远，象征着吉祥、美观和威严，而且还具有威慑妖魔、清除灾祸、辟邪安宅的作用。

传说嘲风本身是灾难的集合体，地震、海啸、天灾都是嘲风的力量。大禹治水时，其被海风神禺强（"禺强"为传说中的海神、风神和瘟神，也作"禺疆""禺京"，是黄帝之孙。海风神禺强统治北海，身体像鱼，但是有人的手足，乘坐双头龙）所制服。由于本身喜好冒险、张望远处，让其留在宫殿之上震慑妖魔、安宅消祸。

嘲风的安置，使整个宫殿的造型既规格严整又富于变化，达到庄重与生动的和谐，宏伟与精巧的统一，使高耸的殿堂平添一层神秘气氛（图3-15）。

图 3-15　泰安岱庙角楼上，连续重叠了四个嘲风。

大式建筑由琉璃瓦制作，民间建筑是布瓦烧制而成的。

还有一个传说，嘲风是姜子牙的小舅子，姜子牙封神后，地位超然，他小舅子为虎作伥，经常做些让人不齿的行为。姜子牙为了惩罚他，把他安置在这个位置，警告他再往前一步就会跌落下来，粉身碎骨。自此后，他小舅子就待在了这个位置，也就改邪归正了（图3-16）。

龙形敛兽

嘲风

图 3-16 套兽位置图

因此，古代建筑工匠常将它安置在垂脊或者戗脊的"险处"，一来符合它的个性，二来让它保家宅平安，三来还有一定的实用性。

4. 老四椒图

位置：所有大门门环衔环之兽或门当石。

形状像螺蚌，"好闭口，性好僻静"，忠于职守，最反感别人进入它的巢穴，故常被饰为大门上的铁环兽或挡门的石鼓，让其照顾一家一户的安宁，被民间称作"性情温顺"的龙子。铺首衔环为其主要形象。因而人们常将其形象雕在大门的铺首上，或刻画在门板上。螺蚌遇到外物侵犯时，总是将壳口紧合。人们将其用于门上，大概就是取其可以紧闭之意，以求安全吧（图 3-17）。

椒图

图 3-17 椒图形象

5. 老五囚牛（与建筑无关）

位置：乐器（琴头造型）。

形状为有鳞有角的黄色小龙，传说其母是牛，有个成语叫"对牛弹琴"，形容牛不懂音律，但囚牛却正好相反，它非常喜好音律，因此后来被安置在琴头。这位有音乐细胞的龙子，不光立在汉族的胡琴上，彝族的龙头月琴、白族的三弦琴以及藏族的一些乐器上也有其扬头张口的形象（图 3-18）。

囚牛

图 3-18　囚牛形象

6. 老六蒲牢

位置：各城内或寺庙里晨钟暮鼓中，钟楼内大钟上的纹饰。

据说其生活在海边，平时最怕的就是鲸鱼，每每遇到鲸鱼袭击时，蒲牢就大叫不止，并将撞钟的大长木雕成鲸鱼状，以其撞钟，求其声大而亮。蒲牢就被铸在大钟的钟钮位置，或钟身的纹饰上（图 3-19）。

蒲牢

图 3-19　蒲牢形象

7. 老七狻（suān）猊（ní）

位置：屋面四角走兽中排第六位。

形如狮，喜烟好坐，所以形象一般出现在香炉上，随之吞烟吐雾。又称金猊、灵猊（图 3-20）。狻猊本是狮子的别名，所以形状像狮，好烟火，又好坐。庙中佛座及香炉上能见其风采。狮子这种连虎豹都敢吃，相貌又很轩昂的动物，是随着佛教传入中国的。由于佛祖释迦牟尼有"无畏的狮子"之喻，人们便顺理成章地将其安排成佛的座席，或者雕在香炉上让其款款地享用香火。唐代高僧慧琳说："狻猊即狮子也，出西域。"

图 3-20　狻猊形象

8. 老八负（fù）屃（xì）

位置：石碑的碑帽。

在九子当中负屃有着和兄弟们不同的喜好，不喜杀戮，生性温柔，不好武功，却爱文学。满腹经纶，是集智慧、才学于一身的神灵。因其拥有着丰富的学识和智慧，被封为智福之神，所以常被立于碑文之上。很多碑帽上有两条负屃，一嘴紧闭，一嘴衔珠或者一张一闭，活灵活现（图 3-21、图 3-22）。

图 3-21 负屃形象

图 3-22 碑帽上的负屃

形象似龙形，平生好文。我国碑碣的历史久远，内容丰富，而负屃十分爱好这种闪耀着艺术光彩的碑文，于是甘愿化作图案去衬托这些传世的文学珍品，把碑座装饰得更为典雅秀美。它们互相盘绕着，看上去似在慢慢蠕动，和底座的赑屃相配在一起，更觉壮观。

9. 老九睚（yá）眦（zì）（与建筑无关）

位置：刀剑柄头部。

相貌龙身豺首，性刚烈，最是好杀。传说其母为豺，他继承了母亲的凶狠，嗜杀好斗，被刻镂于刀剑柄或剑鞘上。刀环、剑柄吞口处也会有其形象。睚眦的本义是怒目而视，所谓"一饭之德必偿，睚眦之怨必报"。报则不免腥杀，这样，这位模样像豺一样的龙子出现在刀柄刀鞘上就很自然了（图 3-23）。

图 3-23　刀剑柄头部的睚眦

睚眦必报也是流传至今的成语典故之一。最早出自《史记·范雎蔡泽传记》："一饭之德必偿，睚眦之怨必报。"说范雎一饭之德必偿，睚眦之仇必报。渐渐被用来描述一个人心胸狭隘，连瞪了他一眼的小怨小忿都要报复。形容气量极其狭小。也作"睚眦之恨"。

成语故事的内容是战国时期魏国中大夫须贾出使齐国，他家的侍从范雎随他一同出使，须贾在出使过程中认为范雎的一些行为不明，怀疑他通齐，回国后报告魏相魏齐。为此范雎含冤被打伤，后无法在魏国立足，找机会改名张禄逃到秦国，后来凭着自己的口才和管理国家的施政才能，逐渐让秦王认可他并任命为秦国的宰相。范雎由此逐渐发达起来，也开始清算过去的恩怨，凡是对他有怨的他会加倍报复，对他有恩的哪怕仅施舍过他一顿饭的，他也会给予很丰厚的回报。有一次须贾出使秦国，范雎为了耍弄须贾故意扮作生活潦倒的样子去见他，须贾见状虽不愿与其交往，但见其可怜就送他一件绨袍打发他走了。第二天须贾上朝朝见秦国宰相，发现范雎是秦相时吓得冷汗直流，惶恐跪下一再谢罪。范雎却说以前你们对我的伤害我一直记得，誓对魏齐要睚眦必报。后人总结为"一饭之恩必偿，睚眦之怒必报"。

以上是传说中龙生九子比较被大众接受的一个版本，还有其他多种版本的排列组合，我们在此就不一一介绍了。当然除了以上龙九子，还有其他龙的家族成员，也在其他版本的九子之内，这些也在古代建筑中占据了一些重要位置。

1. 螭吻，宋以前称鸱（chī）吻（wěn）

位置：屋脊正脊两端的龙形兽，也称吞脊兽（图3-24）。

图 3-24　屋脊正脊两端的螭吻

一说中国传说中龙的来源之一。也称蚩尾，是一种海兽，汉武帝时有人进言，说螭龙是水精，可以防火，建议置于房顶上以避火灾。有传说他是龙之第九子，嘴大，肚子能盛水，是古代的一种神兽，口润嗓粗而好吞，遂成殿脊两端的吞脊兽，取其灭火消灾之寓意。郦道元在《水经注·温泉》中就有"尾上构楼，高者六七丈，下者四五丈，飞观鸱尾，迎风拂云"的记载，鸱尾，原是一种鹞鹰。看来，这一时期的鸱尾还保留有一定的鸟的形象，也就是说，它由汉代的朱雀发展而来，还有一些朱雀的影子。

鸱尾到底是一种鸟还是传说中海上的鲸鱼没有确定的说法，也叫好望。形状像四脚蛇剪去了尾巴，这位龙子好在险要处东张西望，也喜欢吞火。相传汉武帝建柏梁殿时，有人上书说大海中有一种鱼，虬尾似鸱鸟，能喷浪降雨，可以用来厌辟火灾，于是便塑其形象在殿角、殿脊、屋顶之上。据《事物纪原》引《青箱杂纪》称："海有鱼，虬尾似鸱，用以喷则降雨。汉柏梁台灾，越巫上大庆胜之法；起建昌宫，设鸱鱼之像于屋脊。"

古代人将吻兽放置在正脊的两侧，一方面是为了防止雨水侵蚀屋脊，具有一定的实用性；另一方面则是希望它能够防火赈灾、驱邪避祸、保佑平安，同时它也是等级地位的象征。随着朝代与文化的更迭发展，鸱吻的形象也逐渐变化成了螭吻，这个我们在后面章节细说。

螭的形态为虎头龙身，龙属的蛇状神怪之物，是一种没有角的类龙生物。《说文解字》（段玉裁版本）是这样讲的，"螭，若龙而黄，北方谓之地蝼……或云无角曰螭。"据书上介绍，后六字疑似后人所增，非原书本有。从文献来看，有关螭的记述，最晚在战国时已开始。至于它的来历，有说是"龙属"或"龙子"，或"雌龙"，即母龙。其先为"山林异气所生"，色黄、无角、兽形。

"虬"（qiú）是有角的龙，那么，螭就为无角的龙吧。根据实际发现的螭纹，螭其实也分无角和有角两种。另外，"螭"还可通"魑"，即"魑（chī）魅（mèi）魍（wǎng）魉（liǎng）"的"魑"，为"山神，兽形"，形象虎头龙身。

螭是中国古代神话中的神兽，是龙的前身，所以也称为螭龙。传说生有四脚，长尾，头上无角，类似睡虎的神兽。

螭首在古建筑中是何时出现的，尚不确知。目前发现的最早的吐水螭首是在河北临漳县东魏、北齐等王朝的国都古邺城遗址塔基石螭首（图3-25）。图像学上有石螭首的图像资料较考古挖掘时间上晚些，可以追溯到北宋李戒的《营造法式》"石作制度"的相关记载，其中有"造殿阶螭首，施之于殿阶，对柱；及四角，随阶斜出。其长七尺，……其螭首令举向二分。"

图 3-25 螭首

螭首是古代建筑基础石作形象的主角之一，有平衡台基望柱的重力和排水的功能，同时也是建筑上的装饰构件，是标志着封建礼制建筑等级的象征，是实用与装饰完美结合的建筑装饰小品。在北京故宫的太和殿、中和殿、保和殿三大殿相交的广场处，那里有三层的台基，每层台基边缘的汉白玉栏杆望柱下面都有一组螭首排水设置，共计有1142个螭首。每到大雨时节，北京故宫就会出现千龙吐水的壮观景象，就是指这三层台基处的1142个龙头。

2. 饕（tāo）餮（tiè）（与建筑无关）

位置：古代食器（青铜器）上的造型。

因为龙九子到了明代才开始有顺序的排布，有的版本里把饕餮作为龙九子之一。饕餮是传说中的一种凶恶贪食的野兽，古代青铜器上面常用它的头部形状做装饰，叫作饕餮纹。形似狼，好饮食。钟鼎彝器上多雕刻其头部形状作为装饰。由于饕餮是传说中特别贪食的恶兽，人们便将贪于饮食甚至贪婪财物的人称为饕餮之徒。饕餮还作为一种图案化的兽面纹饰出现在商周青铜器上，称作饕餮纹（图3-26）。汉代东方朔《神异经·西南荒经》也说"西南方有人焉，身多毛，头上戴豕，食如狼恶，好自积财，而不食人谷，疆者夺老弱者，畏群而击单，名曰饕餮"。所以古人忿恨饕餮残忍贪婪，只让它留个脑袋而没有身子。旧时钟鼎彝器上铸刻饕餮头部形状，主要是作装饰用。

图 3-26　青铜器上的饕餮纹

3. 犼（hǒu）

位置：华表顶上蹲伏的小兽。

说到犼，就不得不说一下华表。多数学者认为华表的起源是源于尧舜时立下的诽谤木原型，其原始造型可能就是在一根柱上横钉一块木牌，这种诽谤木就是为了便于百姓在上面书写不满情绪、上谏批判朝政而专立的。晋代崔豹《古今注·问答释义》："程雅问曰：'尧设诽谤之木，何也？'答曰：'今之华表木也。以横木交柱头，状若花也，形似桔槔，大路交衢悉施焉。或谓之表木，以表王者纳谏也。亦以表识衢路也。'"

现在天安门前的华表上蹲着一只怪兽，非狮非狗，名为"犼"。民间传说这种怪兽性好望，天安门外的一对华表让它望着宫外叫"望君归"，是让它眺望远游的皇帝不要迷山恋水，呼唤皇帝应该赶快回宫处理朝政大事。天安门内的一对华表名曰"望君出"，是提醒皇帝应该出宫去体察民情。"望君出"和"望君归"的思想意识，倒是与华表最初的"诽谤木"的意思有些相似（图 3-27）。

图 3-27　河南登封中岳庙前的华表

4. 戗兽

位置：古建筑四条戗脊端头的龙形兽头。

垂兽与戗兽在样式上大致相同，头向外，像是长着尖角的龙头，都是兽头的形状。之所以在叫法上存在区别，这与它们放置的位置有关系。垂兽与戗兽具有一定的实用作用，内有铁钉，能够加固屋脊相交位置的结合部，可以防止瓦件掉下来。戗兽的形象与龙近似，嘴上有须，头上有角，具有镇妖驱邪的作用（图3-28）。

布瓦戗兽

琉璃戗兽

图 3-28　戗兽

在这里也要澄清一个误传，很多人经常说传统的古建筑不用一颗钉子，真实情况是在传统的大木结构，也就是我们常说的梁架结构中主要是以榫卯连接为主，基本不用或者很少用铁钉。但是在固定椽子、望板、挡檐板等小构件时，钉子的作用是不好替代的，尤其是在官式建筑中，布瓦与琉璃瓦铺装的头道瓦必须用钉子固定并覆以钉帽，防止瓦屋面滑坡，既坚固又美观（图3-29）。

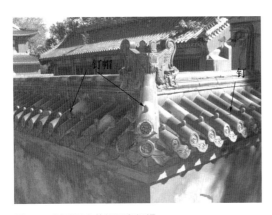

钉帽

钉

图 3-29　琉璃瓦上的钉子和钉帽

5. 龙龟

位置：高等级古建筑前的瑞兽（太和殿前），或彩绘中的形象（图3-30）。

龙龟

图 3-30 龙龟形象

龙头龟身的是龙龟。龙龟也称金鳌、龙头龟、霸下、赑屃。头尾似龙，身似陆龟，全身金色，是生活在海里的神龟。后来的玄武、赑屃等造型上都可以看到其影子。《古文志》上有记载说："龙生九子，必有一鼍（tuó）。"所以相传也为古代神龙所生之子，背负河图洛书，揭显天地之数，物一太极，上通天文，下知地理，中和人世。其是常用的风水物之一，是富贵长寿的代表。

由于龙头龟是地位、权威的象征，具有一身正气，龙可以化小人、增加贵人运与人缘，龟代表长寿与健康，还可化煞气、斗三煞，最重要的还可增加财气，因此龙头龟可防小人，招贵人。在风水上有四灵之学说，而这四灵指的是：龙、凤、麒麟、龟（后演化为玄武），它们都具有非常强的镇宅、辟邪、化煞作用。

而龙头龟是龙和龟的结合体，龙龟即"荣归"之意，荣归故里，衣锦还乡。龙能迎贵人避小人，龟具有镇宅化煞招财之意，寓意吉祥喜庆。因此更具有灵瑞之气，是最为祥瑞的吉祥物，所以龙头龟最具有升官、发财、加爵、化煞、辟邪、祈福功能。

千年王八万年龟，龙头龟是寿星的象征，龟在四大瑞兽中，是最祥瑞之灵，龟的寿命长，所以龙头龟还有增福增寿、化解小人、旺财等寓意。

龙头龟既是一种祥瑞，象征着青春常在、江山永固，又有实用功能，龟、鹤背上有一块可以开启的盖子，里面可以放香料薰香。太和殿三层石基上还摆放着18尊铜鼎炉，寓意着定鼎天下，明初全国有18省份故设18尊。每遇大典，龟、鹤、铜炉内装满香草，再放一块烧红的木炭，这种草不燃烧，只会烟云霭霭，且香气袭人，看上去大殿恰如仙境一般。

第三节　构件动物之鸱吻（chī）（wěn）

位置：屋脊两端（与吞脊兽重合，元代以前主要是鸱尾的形象）。

古人传说，宫殿、庙宇等屋脊上装饰"龙吻兽"可避火灾，驱魑魅（图3-31）。清代时已很普遍，表面饰龙纹四爪腾空，龙首怒目张口吞住正脊，脊上插着一柄宝剑，艺术形象完美，称为"正吻""龙吻""大吻""螭吻"等。为何有这么多的称呼，是因为古建筑正脊上的造型随着朝代的发展也在不断变化，大致是鸱尾→鸱吻→龙吻→正吻（螭吻）这样一个演变过程。为了便于大家理解，后附历代螭吻演变图中的形象多为后来仿制的各朝代形象。

图 3-31　屋脊两端的鸱吻

鸱尾是古代宫殿屋脊正脊两端的装饰性构件，起初并不是龙形的，是由简单的翘突逐渐形成动物形的脊饰，有鸟形的，更多的是鱼龙形的，最早的记载可以追溯到周代，《三礼图》中的周王城图屋脊两端就有这类装饰物。鸟形演变为鸱尾（传说是一种海中能灭火的神物），因外形似鸱尾，故称。《汉纪》中说，柏梁殿发生火灾后，越地巫师说大海中有一种龙形的鱼，尾部与鸱相似，喜欢激浪成雨。在汉朝时，汉武帝建造宫殿时，为了防止起火，就在屋顶正脊的两端放置了类似鸱吻的吞脊兽构件。魏晋南北朝时期，它的形象发生了变化。鸱尾的尾巴竖直，它的尾尖向里卷曲，外部又雕刻了鳍纹的形象（图3-32）。

图 3-32 魏晋南北朝时期的鸱尾形象

　　唐代苏鹗《苏氏演义》卷上："蚩者，海兽也。汉武作柏梁殿，有上疏者云：蚩尾，水之精，能辟火灾，可置之堂殿。今人多作'鸱'字，见其吻如鸱鸢，遂呼之为鸱吻，颜之推亦作此鸱。"

　　中唐时期鸱尾下部出现张口的兽头，尾部逐渐向鱼尾过渡。有的鸱尾的鳍上有很多刺，那个是拒鹊，"鸱尾"改名为"鸱吻"，装饰在屋脊两头可以灭火消灾。宋代以后龙形的吻兽增多，随着朝代的更迭，屋脊的鸱尾也在不断变化，后来形成了吻兽，吻兽又叫作鱼龙，是鱼和龙的结合体。到了明清时期，鸱吻正式和"龙"攀上了关系，不仅其长相和龙差不多，而且被演变成是龙生九子之一，龙成为皇权的象征物，鸱吻的造型也就变成了我们今天所见的各种精致繁复的龙头形（图3-33）。

古阙正脊

周原复古设计

辽代鸱尾

金元鸱尾

隋代鸱尾

西夏鸱尾

明代螭吻

汉墓鸱尾

唐代鸱尾

清代螭吻

图 3-33　鸱尾历代变化图

因其好水，也雕刻于古代桥梁两侧，重要建筑物排水口等处（图 3-34）。

图 3-34　螭形象的排水构件和铜缸（门海）饰件

第四节　构件动物之走兽

位置：古建筑屋顶四角上蹲伏的小兽构件。

中国古代官式建筑中，一般四条垂脊上都设置一些小兽，在增加建筑美观的同时也有一定的寓意。小兽的数量以单数排列为准，起初，在唐宋时，还只有一枚兽头，后来又逐渐增加了数量不等的走兽。到了清代，就形成今天我们所看到的"仙人骑凤"领头的神兽队列形态。当然，这些小兽放置的个数和次序也是十分讲究的。根据建筑物的规模和等级的不同，放置的数目也是不同的。屋脊上的神兽越多，主人的地位也就越高。

在北京故宫的太和殿房脊上放置有 10 只走兽，是我国规格等级最高的建筑。按照《大清会典》的记载，这 10 只小兽按照固定的顺序排列，依次为：龙、凤、狮子、天马、海马、狻猊（suān ní）、狎鱼、獬豸（xiè zhì）、斗牛、行什。这 10 只小兽只有在太和殿上才齐全，而在中和殿及保和殿的屋顶上只有 9 只小兽，其他殿宇按照等级依次递减。太和殿两层屋檐，共有 8 条垂脊，上面的装饰共 8 个仙人（仙人我们在前面第三章已介绍过，此处不再细说），80 只小兽（图 3-35）。

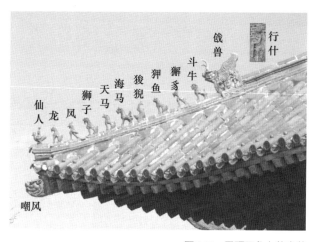

图 3-35 屋顶四角上的走兽

1. 龙

龙自古都是皇权的象征，亦有权贵、吉祥和成功的寓意。龙能大能小，能升能隐；大则兴云吐雾，小则隐介藏形；升则飞腾于宇宙之间，隐则潜伏于波涛之内。将龙排在首位，自然是受中国古代"尊龙"思想的影响，同时也寓意龙能降水，能消灾灭火。

2. 凤

凤凰是鸟中之王，中国古代常常用它来表示祥瑞，是吉祥如意的象征。繁体"鳳"是一个象形字，甲骨文""简单而生动地勾勒出了一只凤鸟的形象，能够看出凤鸟的头冠，美丽的长翅和飘逸的长尾。凤凰原来是有区别的，雄性为凤，雌性为凰。自从秦汉之时，龙成为帝王的象征，凤则作为后妃象征。后妃的帽子称为凤冠，后妃的车轿称为凤舆（图 3-36）。

| 龙 | 凤 | 狮子 |

图 3-36　龙、凤、狮子形象

　　到了清代末期，慈禧太后主政，很多的宫室构件的形象本末倒置，都以凤的形象为主了（图 3-37）。

图 3-37　清东陵慈禧陵丹壁石

3. 狮子

《后汉书·西域传》之中最先出现了狮子的形象，狮子的威猛形象深受皇家的喜爱。又因为《传灯录》载：释迦佛生时，手指天，手指地作狮子吼云"天上地下，唯我独尊"，人们更将狮子视为"瑞兽"。

4. 天马

神马，有追风逐日的寓意。其记载见《山海经》："又东北二百里，日马成之山，其上多文石，其阴多金玉，有兽焉，其状如白犬而黑头，见人则飞，其名日天马。"在古代神话之中，天马是龙的使者。

5. 海马

古代吉兽。有威德通天入海的寓意。

6. 狻猊

龙九子之一。《穆天子传》是最早提到狻猊这种神兽的。说它可日行五百里，狻猊的外形和虎豹狮子很相似，可以统率百兽。古代宫殿建筑之中常用到狻猊的形象，狻猊也常出现在香炉之上（图3-38）。

天马　　　海马　　　狻猊

图 3-38　天马、海马、狻猊形象

7. 狎鱼

古代神话之中的神兽，龙九子之一，海中异兽，灭火高手。于是《大清会典》中记载此君被命坐在脊上。传说之中它可以和狻猊一同兴云作雨，是灭火防火的神兽。

8. 獬豸

古代神兽之一，据传说此君严明，所以汉代以其为冠。长相类似于麒麟，双目有神，头上长着一只角。獬豸是一种非常聪敏的神兽，能够听懂人言洞察人性，可以辨别忠奸善恶，是公正严明的象征（图 3-39）。

狎鱼　　　獬豸

图 3-39　狎鱼、獬豸形象

因为獬豸的公正特性，在古代它的形象被当作衙门的神兽，作为公正的表象。同时，獬豸还是皇家陵墓神道两侧的石像生之一。帝王陵墓或御赐重臣陵墓的神道两侧对称排列石像生，最高规格有十八对，次序一般是狮子、獬豸、骆驼、象、麒麟、马各两坐像两立像，石兽后有武臣、文臣、勋臣十二尊，共计十八对（图 3-40）。

狮　獬　骆　象　麒　马
子　豸　驼　　　麟

神道石像生立、卧各一对

图 3-40　神道石像生

为何要排列这些石像生呢？传说狮子为排头是因为狮子凶猛、吼声洪亮，群兽闻声无不惊恐。所以不仅陵墓神道有，官府衙门之前也都有一对，是威严的象征（图3-41）。

图 3-41　石狮子

獬豸排第二位，它是传说中能辨忠奸曲直的神兽，在陵园中可以驱除鬼怪，护佑陵墓，辟邪扬正。古代主管法纪、刑讼的官员朝服补子中绣的是獬豸的图案（图3-42）。

图 3-42　石刻獬豸

第三是骆驼，它是沙漠偏远地区的物种，象征皇帝威服四方，代表统治区域的广大，同时其安详的体态特征也预示吉祥。

第四是象，它是热带地区的巨兽，也同骆驼一样，代表统治区域广大，治理南北地域的广泛。象与祥同音，也取其吉祥昌泰的美好祝愿（图3-43）。

图 3-43 石刻象

第五是麒麟，它是民间普遍认可的"吉祥"神兽。它与"龙、凤、龟"并称为"四灵"，我们在后面篇章有详细介绍（图 3-44）。

图 3-44 石刻麒麟

第六是马，因善走，为古代的主要出行代步之物，是皇帝的坐骑，自然要有（图 3-45）。

图 3-45 石刻马

后面的武臣、文臣和勋臣，统称为"翁仲"，这个名字怎么来的呢？据说秦朝有位大将，名叫阮翁仲，此人身高体壮，力大无穷，曾驻守临洮，防御匈奴有大功。他死后秦始皇为了纪念他，命令铸造阮翁仲的铜像，放在咸阳宫的司马门外，后来人们便将铜人、石人等统称为"翁仲"（图3-46）。

图 3-46　石刻翁仲

还有一个传说，秦汉时期"翁仲"是匈奴的祭天神像，随着西汉王朝与匈奴的频繁交战，一部分匈奴的"神"被汉人引入关内，这个祭天的"神"被当作汉代宫殿的镇邪物。最初为铜制，号曰"金人""铜人""金狄""长狄""遐狄"，但后来却专指陵墓前面及神道两侧的文武官员石像。

"翁仲"后来也出了一个有趣的故事，清乾隆年间，有一次乾隆皇帝到十三陵游览，看见陵园神道两边的石人，想考考随行的官员，便问左右："这叫什么？"有一翰林匆忙脱口而出："这叫仲翁。"乾隆见他将"翁仲"说成"仲翁"，立即借题发挥写了一首诗："翁仲缘何作仲翁？十年窗下欠夫工。从今不许房书走，去到江南作判通。"乾隆皇帝借着翰林说反了名字，把他贬成通判，也故意反说成"判通"。

这位本是"上书房行走"的翰林，因此便被赶出宫廷，到外地做府衙通判去了。

9. 斗牛

龙和牛的结合体，身上有鱼鳞。古籍之中记载，斗牛是一种镇水兽，一般古代水患很多的地方都会以斗牛来镇压。也有说法，斗牛和狎鱼一样都是防火的神兽，有镇邪的作用。

10. 行什

这是 10 只走兽之中最神秘的神兽，其以人坐着的姿态守在最后，因为不知道它叫什么名字，所以给它起了个"行什"的名字，有人说，它是一种猴子，它有翅膀，手拿着金刚宝杵，降魔除妖，其实是雷震子的化身；也有学者认为，行什其实是藏传佛教里的揭碌荼的变形，这个名字很多网友听起来很陌生，他其实就是《西游记》之中很有名的大鹏金翅鸟，也叫作迦楼罗鸟。行什的外形和大鹏金翅鸟的史料记载极为相似，清朝历代皇帝几乎都是佛教信徒。大鹏金翅鸟在佛教之中是三世诸佛智慧与方便的显现，在佛教之中地位显著（图 3-47）。

行什这只走兽是太和殿独有的神兽，其他的建筑上都没有，举世无双。

图 3-47　斗牛、行什形象

10 只神兽形象各异，有的为了防灾，有的为了吉祥寓意，有的则恭维统治者的公正严明。《清史稿》的记载顺序应当如上文所说，北京故宫也流传过太和殿神兽顺序错乱的图片，有网友发现网上流传的图片之中神兽的顺序有的不一样，甚至有的文章之中对于神兽的排列顺序也是不同的。在北京故宫古建修缮中心太和殿维修工程项目部编写的《故宫太和殿维修工程施工纪实（2006—2008 年)》之中的确记载了顺序有误的问题。可能是因为修缮之时，以前负责修缮的工匠缺乏相关知识，将神兽的位置弄混了，后来修葺太和殿房顶的时候，发现这 10 只神兽位置有问题，在专家商讨对比之后，决定按照传统的顺序进行调整，就是我们现在叙述的排列顺序（图 3-48)。

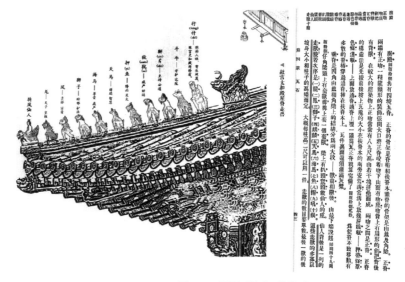

图 3-48　旧版《营造则例》中走兽的叙述和排列

第五节　构件动物之麒麟

位置：在屋脊、影壁、牛腿和彩绘中，应用比较广泛。

麒麟，是指中国传统瑞兽。古人认为，麒麟出没处，必有祥瑞。有时用来比喻才能杰出、德才兼备的人。《礼记·礼运》："麟、凤、龟、龙，谓之四灵"，可见麒麟地位起码与龙同等，并不低于龙（图 3-49)。

图 3-49　麒麟雕像

　　从其外部形状上看，集狮头、鹿角、虎眼、麋身、龙鳞、牛尾于一体；尾巴毛状像龙尾，有一角带肉。但据说麒麟的身体像麋鹿，它被古人视为神灵。中国民间有麒麟送子之说，另一种麒麟形象是龙头、马身、龙鳞。尾毛似龙尾状舒展。它的综合面不及龙、凤那么广泛，不过名气也不算小（图 3-50）。

木雕麒麟牛腿

图 3-50　木雕麒麟牛腿

　　古人把雄性称麒，雌性称麟。《宋书》："麒麟者，仁兽也。牡曰麒，牝曰麟。"麒麟是吉祥神宠，主太平、长寿；麒麟因其深厚的文化内涵，在中国传统民俗礼仪中，被制成各种饰物和摆件用于佩戴和安置家中，有祈福和安佑的用意（图 3-51）。

图 3-51 刻有麒麟形象的门板与抱鼓石（门当）

麒麟每次出现都将是一个非常特别的时期。据记载，孔子与麒麟密切相关，相传孔子出生之前和去世之前都出现了麒麟，据传孔子出生前，有麒麟在他家的院子里"口吐玉书"，书上写道"水精之子，系衰周而素王"，孔子在《春秋》哀公十四年春天，提到"西狩获麟"，对此孔子为此落泪，并表示"吾道穷矣"。孔子曾写歌："唐虞世兮麟凤游，今非其时来何求？麟兮麟兮我心忧。"不久孔子去世，所以麒麟也被视为儒家的象征。

孔府内宅门内壁上面有一幅状似麒麟的动物，它不是麒麟，而是传说中的"贪"。虽状似麒麟，但其本质却与麒麟有着天壤之别。麒麟为仁兽，能造福人类，民间就有麒麟送子之说。麒麟的出现是一种美好的象征，会给人们带来喜庆吉祥。而"贪"则是传说中贪婪之兽，其生性饕餮，贪得无厌。壁画上"贪"四周的彩云中，全是被其占有的宝物，包括"八仙过海"中的八位神仙赖以漂洋过海的宝贝，应有尽有。但它并不满足，仍目不转睛地对着太阳张开血盆大口，妄图将太阳吞入腹中，占为己有。可谓野心极大，欲壑难填，最后落了个葬身大海的可悲下场（图 3-52）。

图 3-52　山东曲阜孔府内宅门内壁上的"贪"

　　衍圣公将此图制作在宅门附近，这里又是从内宅外出的必经之路，可以提醒他的孔氏裔孙不要贪得无厌。孔子的一生重道义轻财利，所谓"君子喻于义，小人喻于利""君子爱财取之有道"，认为对物质利益的追求要符合道义，如果追求物欲超过一定的限度，就会祸及其身。告诫孔氏后裔其实也提醒了我们大家要警钟长鸣，牢记圣人的教诲。现此处已列为全国廉政教育基地，继续发挥着它的警示作用。

第六节　构件动物之金蟾

　　位置：传统建筑门楼砖雕木作雕刻。

　　金蟾出于"刘海戏金蟾"的典故。刘海，五代时人，仕燕王为相。后学道成仙，传说中是个仙童，前额垂着整齐的短发，骑在金蟾上，手里舞着一串钱，是传统文化中的"福神"。金蟾是仙宫灵物，古人以为得之可致富（图 3-53）。

图 3-53　门扇插芯板的木雕图案

金蟾，也称为三脚金蟾。《神仙列传》记载有位仙人叫刘海蟾，在云游时收服了一只能变出金钱的三脚蟾蜍。由于刘仙人最喜布施，这只三脚金蟾就利用自己的法力变出金钱来，供刘仙人布施给穷苦老百姓。后来民间将金蟾供奉为招财进宝、旺财利市的神蟾。

　　就像很多的神话传说一样，每个故事都有很多版本。刘海与金蟾另一个流传较多的中国民间传说故事，来源于道家的典故：常德城内丝瓜井里有金蟾，经常在夜里从井口吐出一道白光，直冲云霄，有道之人乘此白光可升入仙班。住在井旁的青年刘海，家贫如洗，为人厚道，侍母至孝。他经常到附近的山里砍柴，卖柴买米，与母亲相依为命。一天，山林中有只狐狸修炼成精，幻化成美丽俊俏的姑娘胡秀英，拦住刘海的归路，要求与之成亲。婚后，胡秀英欲济刘海登天，口吐一粒白珠，给刘海做饵子，垂钓于丝瓜井中。那金蟾咬钓而起，刘海乘势骑上蟾背，纵身一跃，羽化登仙而去。后人为纪念刘海行孝得道，在丝瓜井旁修建蟾泉寺，供有刘海神像。如图 3-54 所示，为墙砖线雕与柜门锁扣图案，精细美观，艺术感极强。

图 3-54　墙砖线雕与柜门锁扣图案

　　三足金蟾举世罕见，被看作是一种灵物，古人认为可以致富、辟邪。因此刘海戏金蟾常作为民间各种吉祥图案的题材。

第七节　构件动物之仙鹤

位置：民居建筑门楼砖雕或影壁墙装饰内容等。

鹤，被道教引入神仙世界，也是道教的文化符号之一。《淮南子》中便云"鹤寿千岁，以极其游"。贾岛《送田卓入华山》诗云："鹤过君须看，上头应有仙"。因此鹤被视为出世之物，也就成为高洁、清雅的象征，得道之士骑鹤往返，那么，修道之士，也就以鹤为伴了，赋予了高洁情志的内涵，成为名士高情远致的象征物。同时鹤是长寿的象征，因此有仙鹤的说法，而道教的先人大多是以仙鹤或者神鹿为坐骑。中国传统中年长的人去世有驾鹤西游的说法。鹤在民间传说中因其清雅的外形气质和善飞的特征，被视为仙物，仙物的特征，自然是长生不死（图 3-55）。

图 3-55　苏州卫道观

松鹤长春，日月昌明。意思是祝福老人像太阳和月亮一样永远兴盛发达，像青松和仙鹤一样长青不老。在中国传统文化中每每提到鹤，就要配合着青松。松，傲霜斗雪、卓然不群，最早见于《诗经·小雅·斯干》，因其树龄长久，经冬不凋，松被用来祝寿、意喻长生：

"秩秩斯干，幽幽南山。如竹苞矣，如松茂矣。"松的这种原初的象征意义为道教所接受，遂成为道教神话中长生不死的重要原型。在道教神话中，松是不死的象征，所以服食松叶、松根便能飞升成仙、长生不死（图3-56、图3-57）。

牛腿中的仙鹤

图 3-56　牛腿中的仙鹤

硬山建筑

博风头

砖雕松鹤图案

博风

图 3-57　博风头位置的砖雕松鹤图案

在中国、朝鲜和日本等儒家文化国家，人们常把仙鹤和挺拔苍劲的古松画在一起，松鹤延年，用来寓意延年益寿、长生不老等，共同表达延年益寿的愿望（图3-58、图3-59）。

松鹤给中国传统文化带来了很多清风高洁的诗作，李白的《寻雍尊师隐居》：

群峭碧摩天，逍遥不记年。

拨云寻古道，倚石听流泉。

花暖青牛卧，松高白鹤眠。

语来江色暮，独自下寒烟。

图 3-58　地面石雕

图 5-59　额枋雕饰彩绘

第八节　构件动物之鹿

位置：应用范围较广，影壁墙与门厅木雕为主。

古人心目中"信而应礼""悫诚发乎中"的"仁兽"。远古时代就出现了鹿崇拜，许多民族都崇拜白鹿。在佛教故事中，鹿是正义、善良、吉祥的化身（图 3-60）。

图 3-60 鹿瓦当

　　鹿文化在中国的历史由来已久，在公元前 14 世纪殷纣王建筑了"大三里、高千尺"的鹿台，这是中国最早的有关鹿的记载。在周朝，人们已将味道鲜美而又极具营养价值的鹿肉作为宴宾的主食品。唐代州县宴请得中举子"歌鹿鸣曲""设鹿鸣宴"，在食谱中有"鹿胃脯"的记载。

　　鹿在历朝历代都是有着特殊含义的一种动物，在政治上更是有着很深的隐喻意义，是权力的象征，"逐鹿中原""逐鹿天下""鹿死谁手"等，鹿往往代表着至高的权位更迭。秦有奸臣指鹿为马，便是隐隐以此来暗示群臣，江山权位的更迭之意，以此试探朝中群臣们的反应如何。而这种习惯也渐渐地流传下来了，到了今天鹿的这种象征意义就更加的明显了。

　　鹿在古代还被视为神物，认为鹿能给人们带来吉祥幸福和长寿，那些长寿神就是骑着梅花鹿。欧美国家的圣诞老人乘坐鹿车，也是借鹿来获得好运。在商代鹿骨已用作占卜，殷墟还发现鹿角刻辞（图 3-61）。

图 3-61 门板芯的鹿图案

古代的婚嫁礼仪中，男方会为女方赠送两张鹿皮，寓意着爱情永恒，表达对女方的承诺。

在汉字中"鹿"和"禄"谐音，而"禄"意为"官吏的俸禄"，因此鹿有官运亨通、升官发财的含义。

神话传说中说鹿是天上瑶光星散开时生成的瑞兽，常与神仙、仙鹤、灵芝、松柏神树在一起，出没于仙山之间，保护仙草灵芝，向人间布福增寿，送人安康，为人预兆祥瑞。鹿在古时候被视为祈福求吉的吉祥物之一，神话中常常是与仙界联系在一起的神物。传说千年以上的鹿被称为苍鹿，而两千年以上的鹿被称为玄鹿，古人认为鹿是寿星佬的座骑，在中国神话中鹿还经常和仙鹤一起出现，因此在风水中鹿还有繁荣昌盛和长寿的意义（图3-62）。

鹤鹿同春
影壁或墙芯砖雕

图 3-62 "鹤鹿同春"影壁或墙芯砖雕

第九节　构件动物之蝙蝠

位置：门头、影壁的砖雕与木雕构件里常见到它们的形象。

古代建筑上一般雕有蝙蝠和祥云是因为：蝙蝠和云都是中国传统寓意纹样，有着美好的寓意（图3-63）。

图 3-63　山西民居影壁砖雕五福

蝙蝠纹是中国传统寓意纹样。蝙蝠不是鸟，也不是鼠，而是一种能够飞翔的哺乳动物，属动物学中的翼手目（图 3-64）。

图 3-64　蝙蝠纹样

在中国传统的装饰艺术中，蝙蝠的形象被当作幸福的象征，习俗运用"蝠（福）"字的谐音，并将蝙蝠的飞临，结合成"进福"的寓意，"五福临门"希望幸福会像蝙蝠那样自天而降。以此组吉祥图案，所以蝠纹的装饰在古建筑中应用广泛（图 3-65）。

柱础蝠纹

门窗蝠纹

砖雕蝠纹

图 3-65　门窗蝠纹、柱础蝠纹、砖雕蝠纹

蝙蝠纹有单独蝙蝠纹和以蝙蝠纹组合的图案，蝠和福同音，借喻福气和幸福的美好寓意"福气、遍福"。如一只蝙蝠飞在眼前，称为"福在眼前"，蝙蝠和马组成了"马上得福"，器物上部一圈红色的蝙蝠纹，也称"洪福齐天"。

颜色灰暗，白天躲在黑暗中，怕见光亮的蝙蝠只因为有个好听的名字，蝙蝠的谐音为"遍福"，寓意遍地是福，所以频频出现在建筑的装饰中，在门头、影壁的砖雕里常见到它们的形象，不过这种其貌不扬的动物经过工匠之手，其形象被美化了，有的简直像一只张开翅膀的花蝴蝶。

第十节　构件动物之马头墙

位置：徽派民居建筑特色防火墙。

"马头墙"是徽派建筑的重要特征。"马头墙"指高于两山墙屋面的墙垣。徽州旧时建筑因为房屋密集，出于防火、防风的要求，便在房宅两侧山墙顶部砌筑有高出屋面的"挡火墙"。因形似马头，称为"马头墙"。它的构造随屋面坡度层层叠落，长短不一，错落有致。"马头"上覆以小青瓦，并在每个垛头上安装搏风板。上面再安装各式各样的"座头"。有"雀尾式""印斗式""坐吻式"等。墙面以白灰粉刷，白墙青瓦，明朗而素雅（图 3-66、图 3-67）。

图 3-66　徽派建筑中的马头墙

图 3-67　马头墙又称封火墙

　　将这种建筑防火技术措施运用推广于民间民居建筑，始于明朝弘治年间的徽州知府何歆。当时徽州府火患频繁，因房屋建筑多为木质结构，损失十分严重。何歆经过深入调查研究，提出每五户人家组成一伍，共同出资，用砖砌成"火墙"阻止火势蔓延的有效方法，以政令形式在全徽州强制推行。一个月时间，徽州城乡就建造了"火墙"数千道，有效遏制了火烧连片的问题。何歆创制的"火墙"因能有效封闭火势，阻止火灾蔓延，后人便称为"封火墙"。随着对封火墙防火优越性认识的深入和社会生产力的提高，人们已不满足于"一伍一墙"，逐渐发展为每家每户都独立建造起封火墙。而后来的徽州建筑工匠们在建造房屋时又对封火墙进行了美化装饰，使其造型如高昂的马头。于是，"粉墙黛瓦"的"马头墙"便成为徽派建筑的重要特征之一。

马头墙的马头，通常是金印式或朝笏式，显示出主人对读书做官这一理想的追求。马，在众多的动物中，可以称得上是一种吉祥物，中国古代一马当先、马到成功、汗马功劳等成语，显现出人们对马的崇拜与喜爱。这也许是古代徽州建筑设计师们为什么要将这种封火墙，称之为马头墙的动机。而从高处往上看，聚族而居的村落中，高低起伏的马头墙，在视觉上让人产生一种万马奔腾的动感，也隐喻着整个宗族生气勃勃、兴旺发达（图 3-68、图 3-69）。

金印

马头墙

图 3-68　马头墙示意图

图 3-69　高低起伏的马头墙

第十一节　构件动物之马面

位置：古代城墙凸出的墩台。

马面指的是古代城墙的马面，这个马面不是阴曹地府的牛头马面。马面这个名称，首先见于《墨子》中的《备梯》与《备高临》两篇，其中所说的"行城"即"马面"，表明至少在战国时，它已被用于城市防御了。在古代，为了加强城门的防御能力，设计城防时许多城市设有两道以上的城门，形成"瓮城"，会根据单兵弓弩的有效射程（百步约150米），每四五十步就修建一个高台（以便形成交叉火力）。以利防守者从侧面攻击来袭敌人，这种墩台称为敌台的城防设施，因为其形状跟马脸很像，所以俗称为"马面"（图 3-70、图 3-71）。

图 3-70　商丘古城马面示意图

图 3-71　山西大同城墙

第十二节　构件动物之阳马（或称角梁）

　　具体而言就是指房屋四角承檐的长桁条，因为其顶端刻有马形，所以被称作阳马。角梁在宋《营造法式》中称其名有五："一曰'觚棱'，二曰'阳马'，三曰'阙角'，四曰'角梁'、五曰'梁抹'"等。阳马是大角梁、仔角梁和隐角梁的综合称呼，是庑殿顶和歇山顶建筑的主要构件，是形成古建筑四角翘起的组成部分，很重要（图 3-72）。

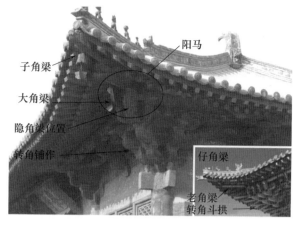

图 3-72　唐宋建筑阳马与明清建筑转角的不同

第十三节　构件动物之牛腿

位置：立柱与横梁或挑梁头之间的斜撑（图 3-73）。

图 3-73　牛腿

牛腿在古建筑中，和雀替是相似而又不完全相同的构件。雀替是指位于柱与横梁之间的撑木，它既可以起到传承力的作用，又可以起到装饰的作用。相当于现代建筑中混凝土加腋梁中的加腋部分。两者的区别是雀替一般是梁下的木雕构件，较小，而牛腿基本上是檐下的木雕构件，偏大。

牛腿最早只是从柱中伸出的一段短木来支撑屋顶出檐部分，即撑拱，但由于撑拱只是由一根单一的木材构成，不仅显得单薄，而且在艺术层次上无法达到许多建筑的要求，于是工匠将撑拱后面与柱子之间的空地当作装饰的部位，用一块雕花木来装饰填充这个空当，将两部完美地结合成一个整体，这个整体就被称为牛腿，可见中国古代牛腿是由撑拱演变而来（图 3-74）。

图 3-74　由撑拱演变为牛腿

牛腿在有的地方又叫"马腿"，也是指从柱中伸出的一段短木，它一般只起装饰的作用而不起传承力的作用。但在有些地方和有些资料中，牛腿和雀替两者是混称的。

牛腿构件在南方很多地区的传统建筑中应用非常普遍，而且牛腿的装饰雕刻非常精美，一般都是些富有象征意义的动物、植物、器物和人物。这些纹饰大致为卷草纹、牡丹纹、莲花纹、狮子、仙鹤、灵芝、石榴等等，它们不仅表现出一个时代社会的理念与思想，同时也显示出了古代工匠高超的技艺，成为古代建筑文化中很重要的组成部分（图 3-75）。

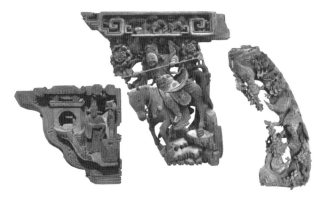

图 3-75　雕刻精美、形式多样的牛腿

第十四节　构件动物之驼峰

位置：在两层梁栿间，用来支承上层梁头的垫木。

驼峰，在两层梁栿间，用来支承上层梁头的垫木。经过艺术加工，有各种形状，因其外形似骆驼之背，又有承接上下梁架负重之责，故名之（图 3-76）。

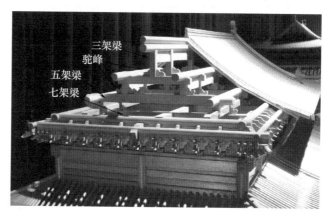

图 3-76　驼峰位置图

驼峰是用在各梁架之间配合斗拱承托梁栿的构件，驼峰有全驼峰和半驼峰之分。全驼峰又有鹰嘴、掐瓣、庑帽、卷云等多种形式。半驼峰比较少见，仅山西五台山佛光寺大殿（唐）上使用了半驼峰。有的古建筑做法有很多变化，也称"柁墩"（图 3-77）。

图 3-77　驼峰示意图

第十五节　构件动物之象眼

位置：建筑基座踏步两侧。

清代对传统建筑上直角三角形部分的统称，如廊子抱头梁以上三角部分、踏跺垂带石下三角部分（图3-78）。

图 3-78　象眼位置图

象眼是古建筑构件中，因结构自然组合围合而成的三角形空间，分五花象眼、门廊象眼、垂带象眼和腮帮象眼，其中，施以装饰的是五花象眼和门廊象眼。这也是古代工匠根据形状起的一个吉祥美丽的名称（图3-79）。

图 3-79　生动形象的象眼示意图

因为象眼的位置都比较偏僻，较少被人注意。其实如果仔细观察，象眼的做法也常有很精美的雕刻。

第十六节　构件动物之燕窝石

位置：建筑基座起始踏步中间。

古建筑石构件主要集中在建筑基座上，有阶条石、压面石、燕窝石、好头石等。其中燕窝石的位置最重要，位于起始踏步的中间位置，足见其珍重（图3-80）。

图 3-80　燕窝石示意图

燕巢呈半月形，形状好像人的耳朵，外围整齐。一般的大件位置都在两侧可以附着的中间位置，刚好符合踏步燕窝石的位置特点（图3-81）。

图 3-81　台阶各构件位置关系图

第十七节　构件之雀替

位置：梁枋下与立柱相交的短木。

雀替是中国古建筑的特色构件之一。宋代称"角替"，清代称为"雀替"，又称为"插角"或"托木"。最初的形象是雀翼的形状，并在雀替的端部雕刻有鹰嘴。雀替置于梁枋下与立柱相交的短木，减少梁与柱相接处的向下剪力；防止横竖构材间的角度之倾斜，起到了承接替木的作用。其制作材料由该建筑所用的主要建材所决定，如木建筑上用木雀替，石建筑上用石雀替（图 3-82）。

图 3-82　雀替示意图

唐代建筑上不用雀替，宋、辽、金、元的一些高级建筑上也有不用雀替的实例。南北朝、宋代早中期和辽代的雀替质朴无华。宋、辽的一些雀替由上下二木构成。宋末和金代的雀替在其下部出现了蝉肚造型，元代的蝉肚造型最繁复，从明至清的蝉肚造型逐渐变简洁，但在底部另加一斗一拱。从明朝开始，雀替的前端部出现了鹰嘴突样式，鹰嘴突的造型在清代最显著。明、清的雀替不仅彩饰，还浮雕卷草和龙等图案（图 3-83）。

图 3-83　浮雕装饰的雀替

骑马雀替，当二柱距较近，并在梁柱交接处还要用雀替，此时两个雀替因距离过近而产生相碰连接的现象，骑马雀替就此形成，其装饰意义远大于实用意义（图 3-84、图 3-85）。

图 3-84　浮雕装饰的骑马雀替

图 3-85　骑马雀替示意图

第十八节　构件动物之蚂蚱头

位置：斗拱里拱（昂）与令拱相交外出头。

蚂蚱头，宋代《营造法式》中，将这个构件称之为爵头、耍头、胡孙头或蜉蚪头。具体位置在昂之上，且与昂平行大小相近的直木；（或挑尖梁头）木拱衬方头下所用出跳木料，也称为耍头木。清式做法称蚂蚱头（图3-86）。

俗话说：墙头上的蚂蚱——见多识广，形容蚂蚱虽小站在高处一样有见识。蚂蚱头位置精巧，能统揽斗拱结构全局，最上一层拱或昂之上，与令拱相交而向外伸出如蚂蚱头状者（图3-87）。

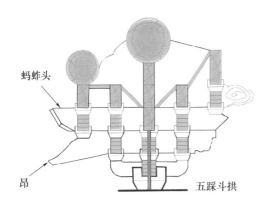

图 3-86　蚂蚱头示意图

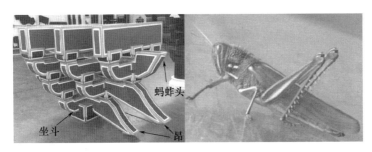

图 3-87　形象的蚂蚱头部件

第十九节　构件之鳌鱼（广府民居）

位置：南方屋脊正吻与传统民居建筑室内横梁与柱的承托件，相当于雀替的作用（图3-88）。

图 3-88　屋脊处的鳌鱼形象

鳌鱼是古代中国神话传说中的动物。相传在远古时代，金、银色的鲤鱼想跳过龙门，飞入云端升天化为龙，但是它们偷吞了海里的龙珠，只能变成龙头鱼身，称之为鳌鱼。雄性鳌鱼金鳞葫芦尾，雌性鳌鱼银鳞芙蓉尾，终日遨游大海嬉戏。

古代神话里比较有名的"鳌鱼负山"引出"龙伯钓鳌"的故事。《封神演义》中描写，只见乌云仙把头摇了一摇，化作一只金须鳌鱼，剪尾摇头，上了钓竿。童子上前，按住了乌云仙的头，将身骑上鳌鱼背上，径往西方八德池中受享极乐之福去了。正是：八德池中闲戏耍，金莲为伴任逍遥。

从设置的位置上来看，民居建筑中的鳌鱼与官式建筑中的吻是同一种建筑构件。因此，鳌鱼的发展与吻是一样的，或者更准确地说，它是吻在某一阶段时出现的形象。换句话说：吻这种构件在各个时期有不同的名称，鳌鱼即是其中之一。

到了广东，不用龙了，用鱼，当然这是一条神鱼，叫鳌鱼，也是能够灭火的。鳌鱼是"鸱吻"形象的演变，龙头鱼身鱼尾，龙头仍然是张开嘴欲咬屋脊的鳌鱼形象（图3-89）。

图 3-89　张开嘴欲咬屋脊的鳌鱼形象

　　和鸱吻不同的是：鳌鱼背后没有剑柄，它的寓意和鸱吻相同，都寄予着人们防火消灾、守护居庭的愿望。

　　闽清古厝中有一种建筑叫寨堡，平日居家生活是"寨"，御敌防卫时是"堡"。梁枋下左右两端有一承托构件名为梁托，是以整块木头进行精雕细刻，内容多刻"鳌鱼"，传说鳌鱼为龙头、鱼身，并且带有四只脚，装点在柱梁之间，寓意海出蛟龙争作上游（图 3-90、图 3-91）。

图 3-90　寓意海出蛟龙争作上游的"鳌鱼"

图 3-91 龙头、鱼身的鳌鱼

　　另一个故事，说是大禹治水的时候，水流东海，到了山西河津遇到了阻塞。大禹设法请天帝帮助，天帝命东海龙王去治理。龙王把这个差使给了鳌鱼。鳌鱼去河津路上，走到山东即墨县东南海边，因路上困倦了，就在海边打了个瞌睡。这一睡，睡了九九八十一天，把河津方圆千里的治水工程都耽误了。天帝大怒，命太白金星下凡。太白金星见鳌鱼还沉睡不醒，手起剑落，斩了鳌鱼的头，那鱼身留在沙滩，成了今天的"崂山"，鱼头滚入大海，变成薛家岛。这些古神话至今还在山东民间流传着，还与"崂山""薛家岛"等山名、岛名相映衬。

第二十节　构件动物之垂鱼（也称为悬鱼）

　　位置：歇山、悬山或硬山式建筑在山墙屋檐博风位置。

　　大家可能会问，垂（悬）鱼就是博风处挡风遮雨的构件，还会有故事吗？下面来讲一下（图 3-92、图 3-93）。

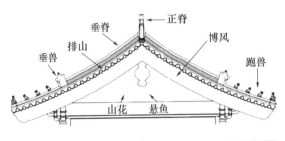

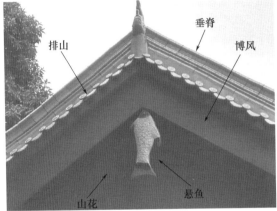

图 3-92　悬鱼示意图

图 3-93　悬山建筑上的悬鱼构件

　　故事出自汉代的一个典故：羊续悬鱼，典出《后汉书·羊续传》。汉时官吏羊续为南阳太守时，有府丞送鱼给他，他把鱼挂起来，府丞再送鱼时，他就把所挂的鱼拿出来教育他，从而杜绝了馈赠。后用以形容为官清廉，拒受贿赂。

　　故事大意：东汉初年贼人清剿平定之后，羊续在郡中颁布政令，为百姓兴利除害，百姓都欢悦佩服。当时有权势者及富豪人家都崇尚奢侈华丽，羊续对此深为憎恶，因而常常身穿破旧的衣服，乘用的车马也很简陋。府丞曾向他进献活鱼，羊续收下后却悬挂在庭院之中，府丞后来又向他献鱼，羊续便把先前悬挂的那些鱼拿给他看，告诫他以后不要再献。羊续的妻子和儿子羊秘后来到郡中官邸找他，羊续却拒之门外。他的妻子只好带着羊秘回去。羊续的所有物品只有布制的衣服、数斛盐和麦而已。羊续对儿子羊秘说："我自己用的东西只有这些，用什么来养活你的母亲呢？"于是把羊秘和他的母亲送走了。

后来很多官员都效仿羊续的为人与做法，但是挂真的鱼味道实在不好，逐渐演变为木刻的鱼。悬鱼装饰在发展的过程中，鱼的形象渐渐变得抽象、简化了，出现了各种各样的装饰形式，有的甚至变成了蝙蝠，以取"福"之意。即使到了现代的社会中，传统建筑形式的山墙仍然会添加一部分传统的图样以增加建筑情趣（图 3-94）。

图 3-94　现代中式合院建筑上的悬鱼构件

另外，悬鱼的形象，除本身有水的间接寓意之外，还有利用其谐音取吉祥之意：鱼，余也，裕也。有的还加上莲花，以祈"连（莲）年有余（鱼）""吉庆有余（鱼）"等。有的悬鱼构件雕两条尾部相交的鱼，上有"水"字，讨口彩，寓意"双鱼喜庆"。

鱼在古建筑构件中的表现还有很多，鲤鱼跃龙门、卧冰求鲤等家喻户晓的故事也是木构件和砖构件中雕刻的重要内容（图3-95）。

图 3-95　牛腿上的鲤鱼浮雕

第四章　构件造型中的植物

第一节　构件造型之瓜

瓜又称瓜柱、金瓜柱、瓜头。

位置：抬梁式古建筑梁架中的构件，瓜头主要出现在垂柱底端或栏杆望柱头。

建筑构件中的瓜果形象也较多，瓜的寓意主要是瓜瓞绵绵的意思，形容子孙传宗接代像瓜蔓绵延。

这句话引申自《诗·大雅·绵》："绵绵瓜瓞，民之初生，自土沮漆。"后来表示两家的联姻带来的传承与祝福。在双方的婚约婚书中一般这样表达：两姓联姻，一堂缔约，良缘永结，匹配同称。看此日桃花灼灼，宜室宜家，卜他年瓜瓞绵绵，尔昌尔炽。谨以白头之约，书向鸿笺，好将红叶之盟，载明鸳谱。此证。尔昌尔炽的意思是子子孙孙世代昌盛。这段话的意思是，同姓氏的两家联姻，在一起缔结婚约，结成良缘，是得称的匹配。桃花盛开之际，正宜婚嫁，将来子孙传承像瓜蔓绵延，子子孙孙世代昌盛。将白头到老的约定书写在纸上，像红叶题诗一样的天赐良缘，记载于鸳鸯谱上。以此证明。

瓜柱是一种下端立于梁、枋之上的短柱，其断面或方或圆，有金瓜柱和脊瓜柱之分，其高度超过直径，功用与檐柱、金柱相同，用于支顶上层檐或平座支柱。宋代时瓜柱叫侏儒柱或蜀柱，明代以后称瓜柱、童柱。

瓜柱，是一种比较特别的短柱，是古建筑木作构件。由垫木演变而来，处在各梁架的上皮，用于支顶上层梁的承重构件，元代以后普遍使用。因其具有柱的作用，故"瓜柱"亦属柱类构件，不同的是它的初衷是为了将梁垫高，而无承重之意。"瓜柱"断面或方或圆，有金瓜柱和脊瓜柱之分。因为其形体短小，所以宋代时就叫它"侏儒柱"

或"蜀柱"（图 4-1）。

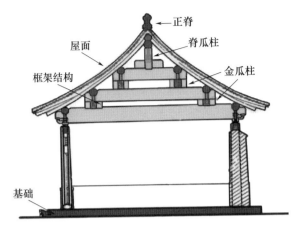

图 4-1　瓜柱位置图

　　瓜柱和柁墩一样，成了工匠发挥技艺的好地方。有的瓜柱下端加一层莲花托盘，有的把瓜柱做成中间有束腰的须弥座形，有的把骑在梁上的瓜柱表面雕刻花纹，有的把瓜柱表面刻出瓜的脉棱，真像一只置于梁上的瓜果。瓜柱两侧的角背也是一样，有的只是一对简单的几何形体，有的加工为植物枝叶，更有的把角背雕成一只狮子，瓜柱插在狮子背上，相当于梁枋之间的狮子形柁墩。两根瓜柱下的两头狮或背向而伏，或相互对峙，无论是周身涂金或者是五彩的狮身，都使梁架增添了艺术表现力（图 4-2）。

图 4-2　瓜柱的做法像大南瓜

屋面常见到的瓜形构件也出现在垂花柱与拴马桩柱头，尤其是在广府民居屋脊中，瓜果蔬菜的造型丰富繁杂，煞是好看（图4-3）。

图4-3　垂柱与拴马桩柱头

第二节　构件之荷叶墩

位置：梁架之间的连接点。

毕竟西湖六月中，风光不与四时同。

接天莲叶无穷碧，映日荷花别样红。

大家对这首南宋杰出诗人杨万里的《晓出净慈寺送林子方》耳熟能详，诗中描写的西湖风光独特，接天映日的荷花美不胜收（图4-4）。

图4-4　荷花

自古以来，荷花就一直被人们赞颂。周敦颐《爱莲说》中"出淤泥而不染，濯清涟而不妖"这句诗词更是一直被传颂着，这句诗词清楚地表达了荷花高洁的品质。同时荷花属莲花科植物，而莲花被誉为佛教的圣物。从此也可以看出荷花神圣的地位（图4-5）。

图4-5　影壁墙的荷花砖雕

荷叶墩是晚清代典型的结构件之一，用以固定帘架边框下端的木构件，由宋代的驼峰演变而来，常雕成荷叶形状，精致美观。荷叶墩上部为卷叶纹，下部为荷叶纹，起到加强梁架结构的作用，多用于民居建筑，用写实手法来展现建筑的品格与志向（图4-6、图4-7）。

荷叶墩

垂花柱

图4-6　荷叶墩示意图

图 4-7　荷叶墩的应用位置

第三节　构件之莲花座

位置：柱础、经幡、石塔等。

莲花是佛教八宝之一，八宝又称八瑞相、八吉祥，依次为宝瓶、宝盖、双鱼、莲花、右旋螺、吉祥结、尊胜幢、法轮，是藏传佛教中八种表示吉庆祥瑞之物（图 4-8）。

图 4-8　灵隐寺莲花栏杆

　　莲花的出淤泥而不染，至清至纯象征着佛法的圣洁和纯净。在藏传佛教中，莲花有修成正果的寓意；因此，莲花在佛门中，常被佛、菩萨拿来当作象征寓意，象征清净、无染、自在、解脱之义。

　　莲花在佛教中的应用也十分广泛。比如寺庙中莲花造型就十分常见，寺院的墙壁、藻井、栏杆、神帐、桌围、香袋、拜垫之上，也到处雕刻、绘制或缝绣各种美好的莲花图案等（图4-9）。

图 4-9　济南灵岩寺墓塔林

　　人们通过看到跌坐于石雕莲花座上的大型石雕佛像，借助于莲花的品性，渗透出佛教的教义，能让人们更好地理解佛教文化的平和淡泊，去效法莲花出淤泥而不染的精神。

　　莲花的寓意和象征有很多，比较常用的有洁白、出淤泥而不染，象征自己内心的坚贞不渝；吉祥富贵，通过把莲花的贴纸贴到家中从而给自己的家带来富贵。除此之外，莲花还象征着朋友之间的友谊。在今天，莲花还被当作廉洁自律的美好情怀与象征（图4-10）。

带莲花图案的柱础

图 4-10 柱础与经幢的莲花图案

　　莲花在装饰中的被广泛应用不仅因其形象之美，更由于莲花所具有的思想内涵。莲花生于淤泥而洁白自若，质柔而能穿坚，居下而有节的这些特点正彰显了古代社会所倡导和崇尚的道德标准。

　　在当今社会，莲花更有不可替代的四种品格。莲花的第一重象征意义，就是清廉正洁，因为在莲花的品种中有青莲，所以谐音代表着"清廉"，再加上莲花长得周正洁净，不染污浊与灰尘，所以就象征着清廉正洁的谦谦君子，代表着现代一心一意为人民服务的优良作风（图 4-11）。

图 4-11 莲花图案牛腿

　　其一，在莲花当中，经常会看到并蒂莲，代表着并莲同心，象征着一种美好的爱情关系，寓意着夫妻恩爱、情意绵绵。在我国的古代文学作品当中，就有经常用并蒂莲来形容恩爱的夫妻关系，尤其是新婚夫妇，如果养上一株并蒂莲，则寓意着爱情幸福长久。

其二，莲花其实还有着荣华富贵的美好寓意象征，在古代，人们送礼都喜欢加上莲花，比如说将牡丹花和莲花加在一起，那就是荣华富贵，再加上白头翁，那就是"荣华富贵到白头"，古人都喜欢讲究谐音吉祥寓意，送上莲蓬与莲子，那可就是"连生贵子"了，所以莲花也是荣华的象征。

其三，莲花象征着一种纯净、纯洁的君子品性，在《群芳谱》和《爱莲说》中，我们就能够看出古人对于莲花这种出淤泥而不染、濯清涟而不妖的品质有多喜欢，于是都将莲花比作是花中君子，也是纯净、极尽善美的象征。

第四节　构件之番草（延绵）

位置：木架构木雕、抱鼓石、砖雕墙面等。

番白草（古建筑雕饰纹样中称为蔓草），被子植物门，蔷薇目，蔷薇科内委陵菜属中的一个物种，又称作"管仲"，主要分布于河北、安徽等地。东北、华北等部分地区尚有以同属植物委陵菜。传统中医可入药，但阳虚有寒、脾胃虚寒者少用。

因为番白草的外形曲线优美，塑造出来的花纹柔和细腻，往往作为古建筑各类构件中雕饰的主要内容。当然还有一个重要的因素，番白草纹连绵不绝、分枝散叶更代表着家庭里人丁兴旺，代代传承（图4-12～图4-14）。

图 4-12　宁夏银川鼓楼正脊

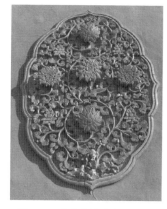

图 4-13　北京故宫墙面琉璃纹样

图 4-14　传统门楼木雕的蔓草纹，应用广泛

第五节　构件之牡丹

位置：木架构木雕、抱鼓石、砖雕墙面等。

唐代刘禹锡脍炙人口的诗句："庭前芍药妖无格，池上芙蕖净少情。唯有牡丹真国色，花开时节动京城。"把牡丹在花中突出的地位凸显出来。早在清代末年，牡丹就曾被当作中国的国花。人们把对牡丹的喜爱寄托在一砖一瓦上。庭院里种着牡丹，墙上雕着牡丹，嘴里唱着牡丹。有牡丹，才有美好生活（图 4-15）。

图 4-15　影壁牡丹图案

　　牡丹花有不畏权势、英勇不屈的性格。原因出自牡丹花被武则天贬去洛阳的故事，传说武则天在一个大雪纷飞的日子饮酒作诗。她乘酒兴醉笔写下诏书"明朝游上苑，火急报春知，花须连夜发，莫待晓风吹"。百花慑于此命，一夜之间绽开齐放，唯有牡丹抗旨不开。武则天勃然大怒，遂将牡丹贬至洛阳（图 4-16）。

图 4-16　牡丹图案的木雕

刚强不屈的牡丹一到洛阳就昂首怒放，而且是一朵比一朵开得艳，就像是跟武则天对着干一样，这更激怒了武则天，便又下令烧死牡丹。枝干虽被烧焦，但到第二年春，牡丹反而开得更盛，就像浴火重生的凤凰。因为这种牡丹在烈火中骨焦心刚，矢志不移，人们赞它为"焦骨牡丹"。有诗赞曰："逐出西京贬洛阳，心高丽质压群芳。铲根焦骨荒唐事，引惹诗人说武皇。"

现在牡丹作为中国的国花，不仅象征富贵，更象征着中国人民不畏世俗、砥砺前行的抗争精神。牡丹本就因为不畏权贵，敢想敢做而成名。

牡丹的象征意义：高洁，高贵，端庄秀雅，仪态万千，国色天香，繁荣昌盛。

第六节　构件之花草果蔬

位置：南方建筑各位置木雕、砖雕与石雕构件居多。

在古建筑屋脊、雀替、影壁、门窗等木雕、砖雕和石雕构件里，常用的花卉图案题材有：竹、松、梅"岁寒三友"，梅、兰、竹、菊"四君子"寓意着高尚的品德。还有枣子（寓意早生贵子）、荷花（象征高洁）、牡丹（象征富贵）、枇杷、荔枝、柑橘、花生、白果、各种蔬菜等。雕刻图案题材的最大特点就是充分表达了人们对美好生活的向往（图4-17）。

图 4-17　南宁三街两巷正脊的葫芦与柑橘

　　我们通过河南秦氏旧宅中砖雕图案就能深刻体会这一内容，后罩楼二层门檐及两侧雕刻内容丰富。两侧垂柱雕刻成两支毛笔的图案，象征家庭以诗书传家，谓之：耕读传家久，诗书继世长。也是期望自己的家族拥有忠实厚道的品德，家族才能经久不衰，就像诗和书一样能够在世间传承长久。角花雕刻成组合图案，石榴代表"多子多福"，柿子代表"事事如意"，寿桃代表"健康长寿"。几个吉祥图案组合起来形成了一只蝙蝠的形态，象征着"福寿绵绵"（图4-18）。

图 4-18　河南秦氏旧宅中的砖雕图案

第五章 构件造型中的数字与文字

第一节 构件之数字

古建筑与数字的关系就非常密切了，下面我们就说说古建筑里有哪些数字。

中国传统的阴阳五行学说，把世界万物先分阴阳，数字中单数为阳，一、三、五、七、九，最高是九，人立于天地之间属阳，皇帝又是人群中地位最高的，所以皇家建筑上的装饰模数就要用九。

"九五之尊"用来称呼古代的帝王（《封神演义·第六十三回》："你原是东宫，自当接成汤之胤，位九五之尊，承帝王之统。"），我们知道中国古代把数字分为"阴数"和"阳数"。一、三、五、七、九为"阳数"。阳数中九为最高，五居正中，因而以"九"和"五"象征帝王的权威，称为"九五之尊"。所以帝王所在的建筑大多以"九"或"九"的倍数为计算基数。相传北京故宫有九千九百九十九间半的房子，宫门上有九九八十一颗门钉，皇宫里主要建筑开间为九间，等等（图5-1）。

图 5-1 北京故宫三大殿之太和殿开间九间

第二节　构件之走兽

　　按照封建社会等级制度的规定，最高级的殿堂，屋顶四角上的走兽最多为九只（太和殿为了凸显帝王的地位，多出一只），然后次要一点的殿堂，七只小兽，再次要的五只，再次要的三只，最低等的一只。

　　由此，我们能够看出封建制度推崇以礼治国，封建时期礼的最根本一条就是社会等级制，从生活的方方面面都限制了底层百姓的社会地位（图5-2）。

图 5-2　屋顶走兽对比

第三节　古建筑之"一屋三分"

　　所谓"一屋三分"就是指中国古建筑在立面布局上的三个主要部分。

　　1.地面以下的台基部分，含台基、台阶、踏步、栏杆等。

　　2.墙柱构架，也就是墙、柱、门窗等组成的立面，传统古建筑墙体是后砌，不承重。

　　3.屋顶，自梁架往上的部分，含梁架、椽、檩、望板、瓦屋面、脊等。

　　这种说法最早是北宋匠师喻皓所提出的"凡屋有三分，自梁以上为上分，地以上为中分，阶为下分"，意思是房屋分为三个部分。中国传统建筑构图观念是房屋式组合起来的，各个部分并不是由一个整体分割开来的（图 5-3、图 5-4）。

一屋三分

屋顶

屋身

台基

图 5-3 一屋三分示意图

屋顶

屋身

台基

正脊

垂脊 戗脊 跑兽

立柱

门窗

槛墙

栏杆

台基

台阶

图 5-4 主要构件示意图

第四节 构件之一马三箭窗棂

直棂窗是窗的一种。为窗框内用直棂条（方形断面的木条）竖向排列有如栅栏的窗。一马三箭窗是最古老的直棂窗的一种，它的窗棂为方形断面，除纵向的直窗棂以外，还另加三组、每组三根的横向窗棂，即竖向直棂条的上、中、下部位再垂直钉上横向的三组棂条，使之比只有竖向直棂条的窗子更有变化（图5-5）。

图 5-5　直棂窗示意图

中国道家称"道生一，一生二，二生三，三生万物"，即指一代表了天，二代表了地，三代表了人，只要有天地人这三种的存在就会造就出万事万物。该样式门窗格心象征无穷无尽的长箭悬在门窗上，一则可以避除邪恶的侵扰；二则显示有取之不尽的、象征顶天的力量；三则箭可以捕取很多猎物，是谋取财富的保证。大家通过古建筑窗棂就能看出，古人的哲理简单地道出了万物和希望。

第五节　古建筑之一到三进"四合院"

民居院落的格局称为"进"，是指旧式房院层次，平房的一宅之内分前后几排的，一排称为一进。以四合院为例，四合院就是三合院前面有加门房的屋舍来封闭（图5-6）。

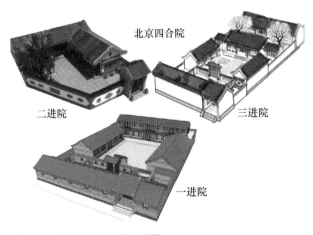

北京四合院

二进院

三进院

一进院

图 5-6　一到三进的四合院示意图

若呈"口"字形的称为一进院落；"日"字形的称为二进院落；"目"字形的称为三进院落。一般而言，大宅院中，第一进为门屋，第二进是厅堂，第三进或后进为私室或闺房，是妇女或眷属的活动空间，一般人不得随意进入（图5-7）。

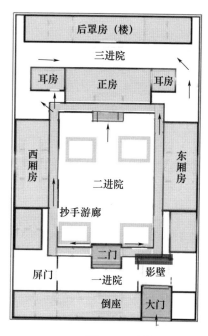

图 5-7　四合院平面示意图

第六节　构件之岁寒三友

位置：梁架雕刻、墙面砖雕。

岁寒三友由象征常青不老的松、君子之道的竹、冰清玉洁的梅三种植物组成，因其寒冬腊月仍能常青，因此，有"岁寒三友"之称，是中国传统文化中高尚人格的象征，传到日本后又加上长寿的意义。松、竹、梅合成的岁寒三友图案是中国古代器物、衣物和建筑上常用的装饰题材。岁寒三友也逐渐演变成为雅俗共赏的吉祥图案，流传至今。

传说岁寒三友最早起源于宋代大文豪苏轼，当年苏轼遭到权臣排挤，被贬至黄州（今湖北省黄冈市）。初到黄州时，苏轼远离亲友，非常苦闷，唯有寄情诗歌，以解烦忧。

苏轼自己开垦了一片荒地，种植稻、麦、桑、枣等农作物。不久，他又在田边筑起一座小屋，在屋子四壁画上雪花，取名为"雪堂"。苏轼在院子里种上松、柏、梅、竹等花木。整个寓所被他装扮得素净典雅。一次，黄州知州徐君猷特意来雪堂看望他，见他的居所冷清萧瑟，便打趣地问他坐卧起居，满眼看见的都是雪，是不是太寂寞，太冷清？苏轼指着窗外摇曳的花木，爽朗地笑道："风泉两部乐，松竹三益友。"意思是说，清风吹拂和泉水淙淙的声音就是两曲优美的音乐，枝叶常青的松柏、经历寒冬而不凋谢的竹子和傲雪绽放的梅花，便是相伴严冬最好的朋友。徐君猷见苏轼在逆境中能以"松、竹、梅"自勉，仍然保持凌霜傲雪的高尚情操，非常感慨，从此对他更加敬仰。此后，国人对"岁寒三友"的清、雅、劲的品格愈发认可，传承至今（图5-8）。

图 5-8 "岁寒三友"砖雕影壁

松树四季常青，姿态挺拔，叶密生而有层云簇拥之势，欹斜层叠。在万物萧疏的隆冬，松树依旧郁郁葱葱，精神抖擞，象征着青春常在和坚强不屈的铮铮铁骨，松树的品格是国人最为崇拜的。

竹在传统文化中是高雅、纯洁、虚心、有节的象征。居而有竹，则幽篁拂窗，清气满院；竹影婆娑，姿态如画，碧叶经冬不凋，清秀而又潇洒。古语云："宁可食无肉，不可居无竹"及"不可一日无此君"已成为众多文人附庸风雅的偏好（图5-9）。

图 5-9　砖雕梅、竹漏窗

　　梅花的姿、色、香、韵俱佳（图5-10）。北宋诗人林和靖的诗句"疏影横斜水清浅，暗香浮动月黄昏"，将梅花的姿容、神韵描绘得淋漓尽致。试看漫天飞雪，天地一片萧萧，独有梅花笑傲严寒，破蕊怒放，这是何等可贵的傲骨！

图 4-10　太原万字楼梅花椽子

　　坚毅不拔的青松，挺拔多姿的翠竹，傲雪报春的冬梅，它们虽系不同属科，却都有不畏严霜的高洁风格。它们在岁寒中同生，历来被中国古今文人们所敬慕，而誉为"岁寒三友"，以此比喻忠贞的友谊。

第七节　构件之四君子

位置：梁架雕刻、墙面砖雕的主要内容。

"四君子"是中国传统文化题材，以梅、兰、竹、菊谓四君子，分别是指：梅花、兰花、翠竹、菊花，被人称为"四君子"，其品质分别是：傲、幽、淡、逸。"花中四君子"成为中国人借物喻志的象征，也是咏物诗文和艺人字画中常见的题材（图5-11、图5-12）。

梅：探波傲雪，剪雪裁冰，一身傲骨，是为高洁志士；

兰：空谷幽放，孤芳自赏，香雅怡情，是为世上贤达；

竹：筛风弄月，潇洒一生，清雅淡泊，是为谦谦君子；

菊：凌霜飘逸，特立独行，不趋炎势，是为世外隐士。

王安石《梅花》："墙角数枝梅，凌寒独自开。遥知不是雪，为有暗香来。"四君子都是如此，没有媚世之态，遗世而独立。

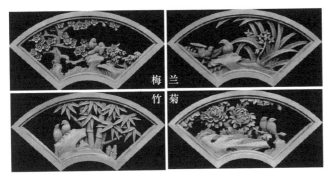

图5-11　"四君子"砖雕窗花

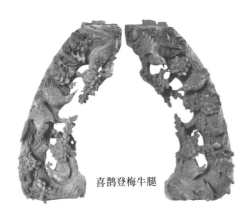

图5-12　木雕喜上眉梢牛腿

第八节 构件之八字（墙）

位置：古代官衙建筑门口两侧砖墙，民居祠堂与寺庙也常采用此形式（图 5-13）。

根据《中国古代建筑瓦石营法》的记载："影壁的名称根据位置和平面形式而定，有坐山影壁、一字影壁、八字影壁和撇山影壁之分。"

图 5-13　山西介休后土庙戏楼八字墙

坐山影壁位于大门内与大门相对的山墙上，一半明露，另一半坐落在山墙上（图 5-14）。

图 5-14　山东章丘博平村民居坐山影壁

　　一字影壁大多位于大门外，与大门相对而建。院内无法"座"山的时候，也需按一字影壁修建。此外园林景点中的独立的影壁也多为一字影壁（图5-15）。

图 5-15　济南府学文庙前独立影壁

　　八字影壁位于大门外，与大门相对，平面呈八字形（图5-16）。

图 5-16　杭州灵隐寺撇山影壁

　　撇山影壁位于大门外两旁。根据平面形式的不同，又分为普通撇山影壁和"一封书"撇山影壁，其中一封书撇山影壁又叫"雁翅影壁"。

"衙门八字朝南开"是大家耳熟能详的俗语，说的就是古代衙门的大门左右，一般都要分列两道砖墙，沿门侧呈斜线往左右前方延伸出去，刚好像个"八"字形状。大门敞开不闭，砖墙似乎也变成了两扇门板的延伸，官衙一般都是坐北朝南的，这也就应了"衙门八字朝南开"的说法。当然，有撇山影壁的建筑不一定就是衙门或者官府，也有庙宇、祠堂和会馆等建筑有此类影壁的形式（图5-17）。

图 5-17　济南灵岩寺山门外采用的八字影壁

那么衙门口这两道墙是什么用意呢？一般负责张贴皇上"圣谕"也就是"皇榜"或者檄文、告示、禁令等，需要全城百姓尽快知晓的，也有贴城门口墙上的。一般来讲，"圣谕"的内容是什么呢？下面以明正德十四年（1519 年）圣谕为例：

二月，说与百姓每：各务农业，不要游荡赌博。

三月，说与百姓每：趁时耕种，不要懒惰农业。

四月，说与百姓每：都有种桑养蚕，不许闲怠。

五月，说与百姓每：谨守法度，不要教唆词讼。

六月，说与百姓每：盗贼生发，务要协力擒捕。

七月，说与百姓每：互相觉察，不许窝藏盗贼。

八月，说与百姓每：田禾成熟，都要及时收获。

九月，说与百姓每：收获后都要撙节积蓄。

十月，说与百姓每：天气向寒，都着上紧种麦。

十一月，说与百姓每：遵守法度，不许为非。

通过上面的圣谕，我们看到每月的内容基本都是劝勉务勤，安分守法的内容。每个朝代，每个年号会有些许变化，但万变不离其宗。也有个别花边内容张贴在八字墙上，例如李畋《该闻录》上记录，神泉县令张某，曾在衙门前贴张告示："某日本县生日，告诉诸邑人，不得辄（zhé）有所献。"都贴那里了，满衙曹吏，合邑绅粮，敢不送礼？结果生日过后，又贴一张"后月某日，是县君（县令太太）生辰，更莫将来"。遇到此类的告示，就会有看不过的偷偷地去做"锦上添花"之举，后面有人加了首诗："飞来疑是鹤，下处却寻鱼"，借以讽刺。

还有其他形式的影壁，例如无锡硕放的昭嗣堂也叫香楠厅，它的独立影壁呈"凸"字形，非常罕见（图 5-18）。

图 5-18　非常罕见的无锡昭嗣堂异形影壁

第九节　构件之戒石（题外话）

位置：古代官衙戒石亭中。

上一篇说到衙门就要顺便说一下"戒石"。俗话说衙门八字朝南开，有理无钱莫进来，说的是封建社会官僚贪腐的嘴脸。为了避免各级官员吃官饷不干活的问题，我国自秦代建立郡县制开始，历代郡县管理制度也逐步完善，在两千多年中，全国州县衙门的各级官员轮流更换，但是衙门内都会有一样警诫官员的物件"戒石"。上面镌刻的内容一般是"下民易虐，上苍难欺"的意思（图5-19）。

图 5-19　戒石亭中的戒石

原本衙门里的戒石是没有特殊位置的，两宋时期的戒石直接立在大堂中央，元朝以后挪到了大门和二门之间的甬道中间，并固定下来，还专为它盖了一个"戒石亭"，也叫"圣谕牌坊"。这样衙门的二门打开时，甬道一直通到大堂石阶下，县令坐在大堂上审案一抬眼，视线恰好与它相对，便看到了镌刻在石碑上的十六个大字："尔奉尔禄，民膏民脂。下民易虐，上天难欺。"

第十节　构件之八宝

位置：梁枋门窗木雕、门檐影壁砖雕。

八宝其实指的是"八仙过海"中铁拐李、汉钟离、吕洞宾、张果老、蓝采和、何仙姑、韩湘子、曹国舅八位仙人手里拿着的八件法器，又称为"道家八宝"，由于是以这八件法器暗指仙人，俗称为"暗八仙"，分别是：葫芦、团扇、宝剑、莲花、花篮、渔鼓、横笛及玉板。道教常常直接用它们来代表八位仙人，既有祈福纳祥的寓意，又暗含道教法术高超之意（图5-20）。

图 5-20　暗八仙木雕门板芯

民间对于八宝是这么描述的：葫芦"葫芦岂只存五福"；扇子"轻摇小扇乐陶然"；宝剑"剑现灵光魑魅惊"；莲花"手执荷花不染尘"；花篮"花篮内蓄无凡品"；渔鼓"渔鼓频敲有梵音"；笛子"紫箫吹度千波静"；玉板"玉板和声万籁清"（图5-21、图5-22）。

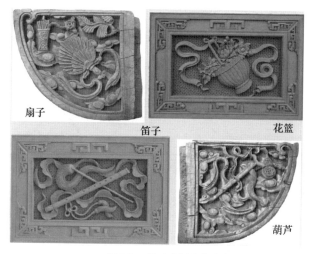

扇子

笛子

花篮

葫芦

图 5-21 暗八宝图案的木雕牛腿与墙面砖雕

图 5-22 章丘三德范村戏楼砖雕麒麟脚踩八宝

第十一节 构件之九五之尊

位置：古建筑制式、规格、构件的使用数量大都与九有关。

《尚书·禹贡》之中记载："禹别九州，随山浚川，任土作贡。禹敷土，随山刊木，奠高山大川。"说的是大禹通过疏导镇住洪水，之后在每一个州都铸造了一个鼎，让洪水再也不会在这个地方肆虐。也就是自这个时候起，"九州"与"九鼎"也就成了天下的象征，而等到舜将王位禅让给禹之后，这也成了君主的象征，所以到了后面的商周时期，九州也就成了国土的代称。

"一言九鼎"的成语，意为君子之言抵得上九鼎之重，形容其说出来的话不能轻易改变，作用很大。而这个"九鼎"到底是有多重，才可以被人作为这个比喻呢？实际上，在古代的时候，"九鼎"即"九州"，"九州"即江山社稷（图 5-23）。

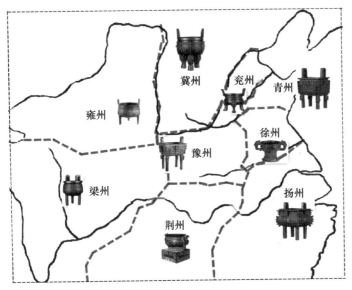

图 5-23　古九州与九鼎图

　　"九"在很多成语中都表示"极"。比如象征极高的九霄云外，象征极广极大的九州方圆，象征极深的九泉之下，象征极冷的数九寒天。既然"九"被称为天数，又象征着事物的极限，所以它在我国古代被认定为吉祥之数。

　　古建筑讲究用"九"，也与中国古代的"阴阳"学说有关。"阴阳"学认为，奇数为阳，偶数为阴。而九是阳数中最大的数，称为"极阳数"，因此人们喜欢用"九"来表示大、多、极。《易经》上也说，"九"这个数字含有吉祥的意思，为了图个吉祥。

　　"九"之所以被人们所崇尚，主要是因为在中国传统文化中，"十"是满盈之数，物极必反，满则溢，极盛必衰，所以自谨待之，而"九"为"百尺竿头更进一步"，永远呈上升趋势，所以"九"为至尊之数，为帝王所看中，古代的皇家建筑和其他重要建筑多采用九或九的倍数来建造，用以象征皇帝是至高无上的统治者。此外"九"与"久"同音，也有江山永久的含义，因此特别受封建帝王们的青睐（图 5-24）。

图 5-24 曲阳北岳庙（绿色琉璃瓦，重檐庑殿顶，开间九间。供奉北岳山神，因数代帝王来此举行隆重的祭祀仪式，所以规格很高。）

周代对王城的形制就有了很明确的规定，《周礼·考工记》云："匠人营国，方九里，旁三门，国中九经九纬，经涂九轨。"

在中国古代，九为阳数的极数，即单数最大的数，于是多用九这一数字来附会帝王，与帝王有关的事物也多与九有关。帝王称"九五之尊"原因是九为阳数最大的，五在阳数中排在中间，"九五"就代表了统领全部，五在中间也是中庸的统治思想的体现，"中"表示不偏移，"庸"的意思是不变。中庸的思想就是秉持正统的封建统治标准来治世。

与九有关的还有：青铜器有"九鼎"；皇帝周围要设"九卿"；朝廷命官设"九品中正"；京师置九门，所以京城的主官称为"九门提督"；紫禁城的房屋九千九百九十间半；天安门城楼面阔九间，深九间等（图5-25）。

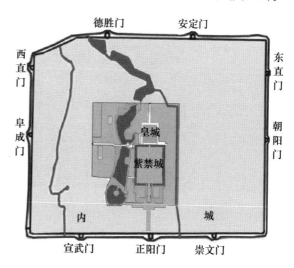

图 5-25 清代北京城内城九门布局

第十二节 构件之数（文）字瓦当

位置：数字与文字主要出现在瓦当、滴水的纹样中。

瓦当又称为瓦头，是中国古建筑最古老的构件之一，是屋顶筒瓦顶端的下折部分。常见的是圆形和半圆形，起到装饰与保护屋檐和椽子头的作用。随着朝代的发展，瓦当上的纹样也是精彩纷呈，为此瓦当既有实用价值又有艺术欣赏价值。下面我们就说一下瓦当上的数字图案（图 5-26）。

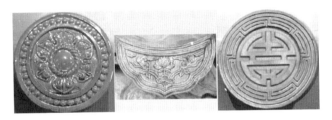

图 5-26 现代琉璃与陶瓦当

汉代对皇家建筑的管理要求很严格，宫殿陵寝所需摆设的铜器、漆器、玉器和屋宇建筑、瓦当等这些御用、官用器物的设计、制作、监督、验收等，规定由政府所属各官署和郡国工官来从事，分工极为细致，所以现在遗留的汉代瓦当最为精美（图 5-57）。

图 5-27 秦汉圆形与半圆形瓦当，两侧的瓦当文字"长林""寿"

"天降单于"和"单于和亲"两种瓦当均出土自内蒙古地区同一墓葬中，通过几次考古发现的情况，"天降单于"往往与"四夷尽服"

伴出，是呼韩邪单于降汉后汉匈关系的历史见证，代表汉代威服四海之国势。

《前汉书·元帝纪》："虖（呼）韩耶单于，不忘恩德，向慕礼仪，复修朝贺之礼，愿保塞传之无穷边陲，长无兵革之事。""天降"，"天"指对方，即双方称谓。"降"按古音注：降，和同也，"单于天降"即（双方）和好之意。

本文瓦当图片以西安秦砖汉瓦博物馆专项瓦当收藏为主，内容丰富，值得参观学习（图5-28）。

大吉五五　　　　　五谷满仓　　　　　千秋万岁

图5-28　"大吉五五""五谷满仓""千秋万岁"瓦当

瓦当文字以四个字的居多，如"大吉五五""千秋万岁"；还有五字的，"延寿长相思""八凤寿存当"；六字的，"千金宜富贵当""千秋万岁富贵"；七字的，"长乐毋极常安居""千秋利君长延年"；八字的，"千秋万岁与地毋极""惟汉三千大并天下"；九字的，"延寿万岁常与天久长""长乐未央延年永寿昌"；十字的"天子千秋万岁常乐未央"；还有十二字的，"维天降灵延元万年天下康宁"。

第十三节　构件之万字

位置：橡子头与门窗吉祥图案。

中国有吉祥纹样"卍"万字纹审美元素，何为万字纹？

"卍"字纹样有着悠久的历史，它既是一个图形符号，又是一个音形义具备的汉字，即万字。"卍"字棂花图案呈现的是一旋转的形态。它像天空中气流循环时所产生的螺旋，也像流水中常出现的漩涡。古人认为这种螺旋运动是生命的动力，寓意着无限循环的宇宙。"卍"

字纹四端伸出，连续反复，意为万事吉祥，万寿无疆。有时还会在其中点缀"寿"字和"福"字，更加凸显吉祥寓意（图5-29）。

图 5-29　万字纹花窗

万字纹最早发现于新石器时代晚期的马家窑文化，是鸟纹、蛙爪纹的原始图腾崇拜表现，是人们对自然现象的一种抽象化概括，是我国先民对生命得以延续的一种赞美。万字纹艺术符号本身具有"福气""幸福"等美好的吉祥寓意。反映出人们向往美好生活，寻求精神慰藉的心理。人们通过借助万字的谐音寓意来组织画面（图5-30）。

博风头

硬山博风

万字纹

图 5-30　万字纹的民居博风头

万方安和是圆明园四十景之一，建于清雍正初年，俗称"万字房"。其位于后湖西侧，东邻杏花春馆，西南湖外为山高水长，是一处以"卍"字轩为主体的风景园林。万方安和轩是一座三十三间（每间皆为4.48米见方）房呈"卍"字形的大型殿堂，东西南北室室曲折相连，各间的面阔、进深均等。随朝向、阴阳与季节之不同，各区域室内的温差也随之变化。冬季，西北两路建筑遮挡住寒冷的西北风，东南则向阳温暖。夏季，檐深窗阔，本来水面温度较陆地凉爽，轩窗四启，内外空气流通，暑热顿消。可以根据季节的交替随意选择适宜的房间。雍正皇帝特喜在此园居住。如此美景尽毁于清朝末年八国联军火烧圆明园的罪恶之中。万方安和遗址现仅存建筑台基（图 5-31）。

图 5-31 万方安和图与万方安和遗址

太原市迎泽区柳巷文瀛公园内的万字楼，是国内现存最完成的飞檐砖木结构建筑，俯视建筑格局为"卍"字形，人称"万字楼"。民国二十六年（1937 年），阎锡山为纪念父亲阎书堂在文瀛湖而建，象征长寿之意。

中国佛教对"卍"字的翻译也不尽一致，北魏时期的一部经书把它译成"万"字，唐代玄奘等人将它译成"德"字，强调佛的功德无量，唐代女皇帝武则天又把它定为"万"字，意思是集天下一切吉祥功德，凝结成了一句吉祥话：万德吉祥。

正是因为万字纹具有以上特点，所以在宫廷和民间的吉祥祥纹中被广泛运用。万字纹饰建筑装饰，是中国建筑文化的重要组成部分。

大至龙柱和画壁，小到窗花与门鼻。在家居文化的不断发展中，借助吉祥纹饰来表达对美好和幸福的希冀，成为中国建筑艺术异于西方建筑艺术的突出表现之处（图5-32）。

图 5-32　传统建筑椽子头的彩绘以万字纹为主

上图内容有卍（万）、寿、囍字等。此类图案除自组外，亦常与其他图案共组出延绵不绝的图案，如寿字与囍字组成"寿囍"，寿字与万字组成"万寿"，众多的寿字、卍（万）字重复出现，组合为"万寿无疆"，皆极富吉祥寓意（图5-33）。

图 5-33　万寿囍纹样砖雕版

第十四节　构件之寿字

位置：门窗纹饰或梁、墙木雕砖雕内容中体现。

古代文献中多有五福的记载，《尚书》对五福的说法："一曰寿、二曰富、三曰康宁、四曰攸好德、五曰考终命。""长寿"是命不夭折而且福寿绵长。"寿"字，寓意"福寿绵长、寿与天齐、有福有寿、福寿安康"（图5-34）。

图5-34　云南金殿山棂星门"寿"字

五福捧寿也称为"五福同寿"，是民间广为流传的一种传统吉祥图案。由五只蝙蝠围着寿字或围着桃子构成，寓意多福多寿。蝙蝠之蝠与福字同音，故以五蝠代表五福。五蝠常常围一寿字，习俗称"五福捧寿"。五福捧寿纹于清乾隆朝颇为盛行（图5-35）。

图 5-35　墙面砖雕五福捧寿

　　另外由蝙蝠、寿桃或灵兽、灵芝组成的图案，称为"福寿如意"，寓意幸福长寿，事事如意。

　　寿字在古建筑装饰纹样中，大多取古代篆书寿字的字头部分，做对称或美化加工，逐步演变，造型丰富多样，有百寿变化之说（图 5-36）。

图 5-36　寿字影壁设计图

第十五节　构件之福字

位置：影壁墙中间或门窗上（图 5-37）。

图 5-37　福字影壁墙

　　倒贴福，是中国传统年俗。每逢新春佳节，家家户户都要在屋门上、墙壁上、门楣上贴上大大小小的"福"字。春节贴"福"字，是中国民间由来已久的风俗。据《梦梁录》记载："岁旦在迩，席铺百货，画门神桃符，迎春牌儿……"；"士庶家不论大小，俱洒扫门间，去尘秽，净庭户，换门神，挂钟馗，钉桃符，贴春牌，祭祀祖宗"。文中的"贴春牌"即是写在红纸上的"福"字。"倒"音"到"，谐音到来的意思（图 5-38）。

图 5-38　福纹门板芯

据说，"福"字倒贴的习俗源自清代恭亲王府。有一年春节前夕，大管家为讨主子欢心，照例写了许多个"福"字让人贴于库房和王府大门上，有个家人因不识字，误将大门上的"福"字贴倒了。为此，恭亲王福晋十分恼火，多亏大管家能言善辩，跪在地上奴颜婢膝地说："奴才常听人说，恭亲王寿高福大造化大，如今大福真的到（倒）了，乃吉庆之兆。"福晋听罢心想，怪不得过往行人都说恭亲王府福到（倒）了，吉语说千遍，金银增万贯，一高兴，便重赏了管家和那个贴倒福的家人。事后，倒贴"福"字之俗就由达官府第传入百姓人家，并都愿过往行人或顽童念叨几句："福到了，福到了！"

"福"字倒贴在民间还有一则传说，传说朱元璋在攻占了南京以后，为了清理元军残兵，准备在南京进行屠城，但是又不想把曾经帮助和支持过自己的老百姓也牵涉其中，于是想到了一个办法，偷偷地把自己的心腹叫了过来，让他连夜通知对自己有恩的那些人家，让他们在自己家大门上贴上"福"字，这样明天开始屠城的时候，他会吩咐士兵避开这些家里大门贴有"福"字的人家。

这个消息被善良的马皇后知道了，为了避免惨事发生，善良的马皇后急忙下令让全城所有百姓在今天晚上一定都要在自家大门上贴上一个"福"字。第二天一大早，朱元璋直接下令，让御林军所有人进行全城搜索，凡是大门上没有贴"福"字的人家，全部满门抄斩。朱元璋唱着小调，期待着好消息的传来。很快，御林军回报，说全城各家各户都贴有福字，朱元璋听到后很意外也非常的生气，后来他得知是马皇后做的好事，但是自己却又不能说她什么，正生着闷气的时候，御林军的首领说全城只有一户人家把福字贴倒了，朱元璋听了大喜，立即让人去把那家人一个不留全部要杀掉。这样自己也能起到杀鸡儆猴的作用，让那些反对自己的，不敢出来作乱。

马皇后躲在后殿中，一听连忙跑了出来阻止，自己也没曾想过居然还有人家会把福字贴反了都不知道，但是现在自己只能把坏的往好的方面去说了，希望皇上不要太过在意。随即对朱元璋说："皇上，那家人家是故意把'福'字给贴倒的，你怎么能怪罪那户人家呢？他们是说福到了，皇上这个大福到了，他们正高兴着呢。皇上，这可是好事，大家都把你当作祥瑞呢。"

朱元璋一想，也是，自己肯定是他们的福气啊，所以打消了杀人的念头，并且厚赏了这家把"福"字贴倒了的人家，从此以后就有人把"福"字倒贴了过来，寓意着福气来了，福气到了。

直到今天，逢年过节，家家贴福字，挂春联。尤其是空间大的场所，都悬挂百福。大家想不到"百福"的出处是很早的，最早出自《诗·大雅·假乐》："干禄百福，子孙千亿。"百福就是富贵和福气的意思（图 5-39）。

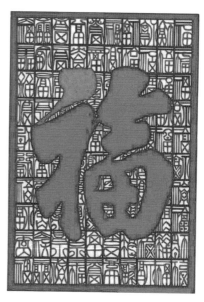

图 5-39　剪纸百福

第六章 构件造型中的等级与故事

第一节 古建筑等级制度

中国的古建筑，在数千年封建制度的统治下，制定了非常严格和复杂的等级制度。周代，等级制度已经成为国家的根本制度之一，并且以"礼"的形态表现出来。建筑则大致在类型、尺寸、数量和色彩等方面作出规定。这些规定，是按照最高统治者的要求确定的，不遵守这些规定，就是挑战天子的权威。周代建筑等级制度的规定基本是以宗教活动的要求为本位的。比如明堂，是帝王特有的借助天的力量的场所，它的一些标志性造型，如"四阿"，就是为了向世人表明其特别的"能力"。又如用色方面，红色因其与火、血的关系，自古就是具有特别巫术力量的颜色，因此有了"楹，天子丹"的规定（图6-1）。

图 6-1　陕西周原明堂（复原建筑）

在周代，"阙"只用于天子和诸侯，到汉代一般官员也可以用了，不过形式上不同。汉代除宫殿有阙外，重要官署和官吏墓前也可建阙：皇帝用三重子母阙，诸侯用两重，一般官吏用单阙。皇帝宫殿前后殿相重，门前后相对，地面涂赤色，窗用青琐纹；宫殿、陵墓可以四面开门。其他王公贵族的宅、墓只能两面开门。列侯和三公的大门允许宽三间，有内外门塾。《礼记·王制》中讲："礼有以多为贵者。天子七庙，诸侯五，大夫三，士一。"如堂阶制度，"天子之堂九尺，诸侯七尺，大夫五尺，士三尺"（图6-2）。

图6-2 山西汉中景观阙与东周鲁国都城曲阜南城门的城阙遗迹示意图

唐《营缮令》资料显示，唐制仅宫殿可建有鸱尾的庑殿顶，用重藻井；五品以上官吏住宅正堂宽度不得超过五间，进深不得超过九架，可做成工字厅，建歇山顶，用悬鱼、惹草等装饰；六品以下官吏至平民的住宅正堂只能宽三间，深四至五架，只可用悬山屋顶，不准加装饰。

宋元基本沿袭唐制，宋代营缮制度限制更严。宋代的《营造法式》规定了建筑等级，按质量高低进行分类。除庑殿顶外，歇山顶也为宫殿、寺庙专用，官民住宅只能用悬山顶。木构架类型中，殿堂构架限用于宫殿、祠庙；衙署、官民住宅只能用厅堂构架。

明代建立之初，对亲王以下各级封爵和官民的宅第的规模、形制、装饰特点等都作了明确规定，并颁布禁令。公、侯至亲王正堂为七至十一间（后改为七间），五品官以上的为五至七间，六品官以下至平民的为三间，进深也有限制。宫殿可用黄琉璃瓦，亲王府需用绿琉璃瓦。对油饰彩画和屋顶瓦兽也有等级规定。地方官署建筑也有等级差别，违者勒令改建（图6-3）。

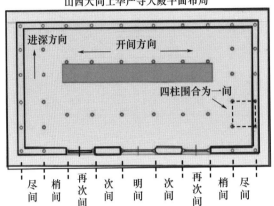

山西大同上华严寺大殿平面布局

进深方向

← 开间方向 →

四柱围合为一间

尽间　梢间　再次间　次间　明间　次间　再次间　梢间　尽间

图 6-3　山西大同上华严寺大殿平面布局

清代的建筑等级制度可以认为是对明代制度的补充。清代与明代的建筑等级制度大致相同：亲王府门五间，殿七间；郡王至镇国公府都是门三间，堂五间，但在门和堂的重数上有差别。它对建筑群体各部分之间的比例关系更加关心和确定，建筑群体形象更为定形。

殿堂结构，为建筑的最高等级。通常为帝王后妃起居之处。佛教中的大殿（大雄宝殿），道教中的三清殿也属于殿式建筑。其特点是宏伟华丽，瓦饰、建筑色彩和绘画均有专门的意义。如黄琉璃瓦、重檐庑殿顶式、朱漆大门、彩绘龙凤等为帝王之所（图6-4）。

庑殿顶

黄色琉璃瓦

重檐

汉白玉栏杆

须弥座

图 6-4　山西大同代王府

在清《工程作法》中，主要表现在大式做法和小式做法的区别，把这两种做法作为建筑等级差别的宏观标志，然后在大式做法中再细分等次；这两种做法不仅在间架、屋顶上有明确限定，而且在出廊形制、斗拱有无、材分规格和具体构造上也有一系列的区别。等级的限定深深地渗透到技术性的细枝末节。

第二节　古建筑形制等级

古建筑形制，宽泛的说是指古建筑的整体造型的对立统一，按照中轴线对称布列，所有的构件与装饰都集合成一个建筑整体。

中国传统古建筑的建筑形制根据结构与架构形式，一般分为大式和小式。

大式建筑多指官式建筑，等级较高，北方抬梁式为主，多用斗拱。有的檐柱、内柱同高，上加主要起装饰作用的斗拱层，上承梁架，近似宋式殿堂构架，多数则近似宋式厅堂构架。大式也有不用斗拱的，用材较为粗壮。特点是：不用琉璃瓦，采用筒瓦屋面。主要应用于各级官员和富商缙绅宅第。

小式建筑多是一般庶民用的建筑，一般南方建筑采用得较多，建筑规模小，不用斗拱，结构形式多用穿斗式，也有部分体量较大的建筑采用穿斗和抬梁结合的形式。原因是这种形式用材材口较小，立柱密，与横向木板穿插而成。便于就地取材，建筑快捷。屋面多用板瓦，等级再低的采用干搓瓦，颜色只能为黑白灰（图6-5）。

小式（不带斗拱）　　　　　大式（斗拱做法）

图6-5　小式建筑为山东邹城孟府大门，大式建筑为孟庙大门

第三节　构件之斗拱

斗拱是我国传统木构架建筑中的一个基础构件，早在公元前5世纪就已出现。它的作用是支撑屋顶出檐，减少室内大梁的跨度，将屋顶大面积的荷载经其传递到柱子上。其目的是将檐口加大并富有美感。它由方形的斗、矩形的拱和斜出的昂组成。斗拱既是承重构件，又是艺术构件，它的应用使建筑形成"如鸟斯革，如翚斯飞"的态势。

等级规则是，有斗拱的大于无斗拱的，斗拱多的大于斗拱少的，层次多的大于层次少的（图6-6、图6-7）。

图6-6　天津市蓟州区独乐寺观音阁

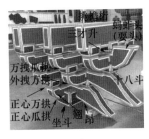
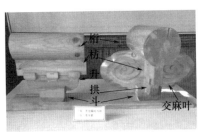

图6-7　斗拱示意图

一般民居采用小式建筑，规模小，不用斗拱，用料也较节省，颜色只能为黑白灰。

斗拱是中国古建筑特有的构件，它具有独特的对称外形的美感。为此很多与建筑有关联的协会、组织都以斗拱形象作为协会的特有标识。既说明了组织的专业性质，又提升了组织的传统文化内涵。

中国 2010 年上海世界博览会（Expo 2010 Shanghai China），是第 41 届世界博览会，于 2010 年 5 月 1 日至 10 月 31 日期间，在中国上海市举行。传统建筑中斗拱"榫卯穿插，层层出挑"的构造方式成为博览会上中国馆建筑形态的文化表达。

斗拱是一个极具象征性，并能引发散发性思维的意象，我想中国人都愿意赋予它这样的意义。同时，前来参加世博会的外国人一望便知它是中国的。世界上有三大建筑体系，只有中国古代建筑极其智慧地采用了斗拱。

上海世博会中国馆对传统元素进行了开创性诠释，并大胆革新，将传统的曲线拉直，层层出挑，其斗拱最短处也伸出了 45 米，而最斜处伸长则达 49 米，使主体造型显示出现代工程技术的力度美和结构美。这些简约化的装饰线条，自然完成了传统建筑的当代表达（图 6-8）。

图 6-8　2010 年上海世界博览会中国馆模型

第四节　屋顶的等级

屋顶的等级限制十分严格。中国古代建筑的屋顶被称为中国建筑之冠冕，最显著的特征是屋顶流畅的曲线和飞檐，最初的功能是为了快速排出屋顶的积水，后来逐步发展成等级的象征。

屋顶的等级中，重檐高于单檐，由高到低排序为：重檐庑殿顶、重檐歇山顶、重檐攒尖顶、单檐庑殿顶、单檐歇山顶、单檐攒尖顶、悬山顶、硬山顶、盝顶、卷棚顶。屋顶形式等级表见表 7-1。

表 7-1　屋顶形式等级表

屋顶等级	一	二	三	四	五	六	七	八	九
庑殿	重檐庑殿		单檐庑殿						
歇山		重檐歇山		单檐歇山					
悬山						正脊悬山			
硬山								正脊硬山	
卷棚					卷棚歇山		卷棚悬山		卷棚硬山
其他			重檐攒尖		单檐攒尖			盝顶	

第五节　走兽的等级

走兽的等级我们在前文中有一些叙述。从现存的唐代建筑中我们看到有兽头的装饰，到了清代的官式建筑就形成了我们今天所看到的"仙人指路"领头的走兽队列形态。当然，这些走兽放置的个数和次序也是十分讲究的。根据建筑物的规模和等级的不同，放置的数目也是不同的。屋脊上的神兽越多，主人的地位也就越高（图6-9）。

图 6-9　屋脊走兽示意图

一般的官式建筑就设置一个仙人指路、三至五只走兽，最高等级是皇家主体建筑、圣人与天地祭祀的建筑物，都设置一个仙人加九只走兽。为了做出区别，在北京故宫的太和殿房脊上放置有十只走兽，是我国规格等级最高的建筑。按照《大清会典》的记载，这十只走兽按照固定的顺序排列，依次为：龙、凤、狮子、天马、海马、狻猊、押鱼、獬豸、斗牛、行什。这十只走兽在全国只有北京故宫太和殿上才齐全，太和殿两层屋檐，共有八条垂脊，上面的装饰，共八个仙人，八十只走兽。而同为三大殿的"中和殿"与"保和殿"的屋顶上只有一至九只走兽，其他殿宇按照等级再依次递减。

第六节 开间的等级

"间"最初为会意字。会门有间隙，从门内可以看到月光之意，其本义就是指室内的空间缝隙。《庄子·养生主》："彼节者有间，而刀刃者无厚。"由本义引申为置身其中，参与。《说文解字》注释："隙也。隙者，壁际也。引申之，凡有两边有中者皆谓之隙。隙谓之间。"现代对"间"用途更广，挑拨离间、间谍、间或、间断等，由此可见间的含义广泛。读唐代诗人杜甫《茅屋为秋风所破歌》中"安得广厦千万间"的诗句，我们结合本书以房间为主来叙述，面阔就是开间。

明代官修典章制度《明会典》中规定：公侯，前厅七间或五间，中堂七间，后堂七间；一品、二品官，厅堂五间九架；三品至五品官，后堂五间七架；六品至九品官，厅堂三间七架。在古代建筑中"间"是指由四根柱子围成的空间。面阔指横向的间数。纵向的则叫作进深（图6-10）。

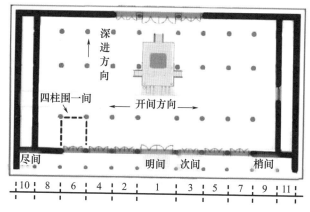

图 6-10 太和殿开间示意图

第七节　台基的等级

《礼记·王制》记载："天子之堂九尺，诸侯七尺，大夫五尺，士三尺。"这里的"堂"，指的是"台基"。这说明台基的高度很早就列入等级限定。台基中衍生出一种高等级的须弥座台基，用于宫殿、坛庙、陵墓和寺庙的高等级建筑。须弥座台基本身又有一重、二重、三重的区别，用以在高等级建筑之间作进一步的区分（图6-11）。

图 6-11　太和殿三层汉白玉须弥座台基

古建筑台基大致分为如下几个等级：

1. 普通台基。中国最早的是用素土或灰土或碎砖三合土夯筑而成，约高一尺，常用于小式建筑。

2. 较高级台基。较普通台基高，常在台基上边建汉白玉栏杆，用于大式建筑或宫殿建筑中的次要建筑。

3. 须弥座。又名金刚座，是更高级台基。"须弥"是古印度神话中的山名，相传位于世界中心，系宇宙间最高的山，日月星辰出没其间，三界诸天也依傍它层层建立。须弥座用作佛像或神龛的台基，用以显示佛的崇高伟大。

4. 最高级台基。由几个须弥座相叠而成，从而使建筑物显得更为宏伟高大，常用于最高级建筑，如北京故宫三大殿和山东曲阜孔庙大成殿，即耸立在最高级台基上。

台基等级的一般原则为级数多的大于级数少的，汉白玉台基高于其他材料，有围栏的大于无围栏的。

第八节 最高级台基

由几个须弥座台基相叠而成，从而使建筑物显得更为宏伟高大，常用于最高级建筑，如北京故宫三大殿由三层须弥座台基组成（图6-12），山东曲阜孔庙大成殿由两级须弥座台基组成，而山东泰山脚下的岱庙天贶殿由两级半须弥座台基组成，为何是两级半呢？因为岱庙天贶殿前的月台部分是两级须弥座，而天贶殿下的台基又多了三步台阶，形成了半组台基。这个需要大家到岱庙去看一看，这几个高级殿堂的台基变化还是很大的。

图6-12 维修中的北京故宫太和殿

踏步的等级

踏道，就是建筑物出入口供人蹬踏的建筑辅助设施。其中阶级型踏道最为常见，也称踏跺或台阶，可分为三级。

垂带是在踏跺两侧由台基至地面斜置的条石。有垂带的台阶称为垂带踏跺，有的台阶不做垂带，踏步条石沿左、中、右三个方向布置，人可沿三个方向上下，这种台阶称为如意踏跺。御路，指为王或皇帝专设的或在特定活动中供其专门使用的大道，位于宫殿中轴线上台基与地坪以及两侧阶梯间的坡道；中间设有御路的踏跺称带御路式踏跺。礓（jiāng）礤（chá），用砖或石砌成的锯齿形斜面的升降坡道，是将普通坡道抹成若干道一端1厘米、宽5~6厘米的坡，断面就像木工锯的锯齿，既无台阶，又不打滑。这样的路面不但可以行人，还方便车马通行。城墙上的马道多采用这种礓礤形式，方便运输物品（图6-13）。

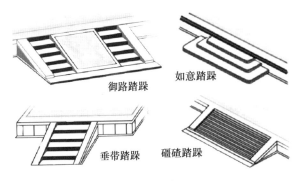

御路踏跺　　如意踏跺

垂带踏跺　　礓磋踏跺

图 6-13　古建筑常用的四种踏跺形式

垂带踏跺（台阶）的级数也是根据住宅主人的官阶品级而定。普通官员按以下规定：六品、七品官员住宅门前台阶不能高于两级，五品门前台阶不能高于三级，以此类推。

北京故宫三大殿、太和殿、中和殿和保和殿拥有最高规格的台阶，上层台阶都是九级，中间嵌卧着雕刻精美的御路，这是最高等级的台阶，表明拥有至高无上的权力。

第九节　彩画的等级

宋代的彩画多用叠晕的画法，使颜色逐步由浅到深，或由深到浅，变化柔和无生硬感，极少用金，呈淡雅风格，并对彩画定有 6 种规则，这些在宋代的《营造法式》中可以见到。简述为：五彩遍装，用于宫殿及庙宇的主要建筑；碾玉装和青绿叠晕棱间装，用于住宅园林，宫殿的次要建筑；解绿装，解绿结华装和丹粉装饰，用于次要房舍。

明清彩画的主要分类我们是比较熟悉的，即和玺彩画、旋子彩画和苏式彩画。

第十节　构件之大门

中国古建筑的门，都是按照礼仪制度来设置的，因此古建筑的门也代表着身份、地位的尊卑关系，门上面的装饰也关系着建筑等级。城门、大门、二门、园门、台门、坊门、拱券门、垂花门、棂星门等，位置不同，作用不一（图 6-14）。

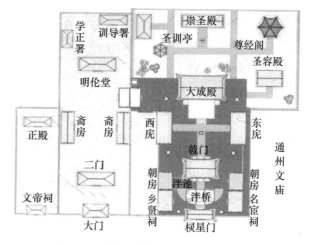

图 6-14　北京通州文庙平面布局，可以看出门制明晰

　　王府宅门名叫府门，是古代帝王敕封亲属为"王"，所敕建的府邸为王府。中国古代的贵族封号分为六级：王、公、侯、伯、子、男，每一级又分为三等。除了王爷府，其他爵位的府邸是不允许用琉璃瓦的，大门也不可以开在庭院中轴线，且开间只能一间。按照级别只能建造广亮大门或金柱大门的宅院。商宅是不能使用金柱大门和广亮大门的，只能使用规模更小的蛮子门，门上方也没有装饰，尤其不可设雀替。因为雀替象征等级，是官职的象征（图 6-15）。

图 6-15　北京郡王府门开间三间

门的等级自王府开始至市井平民依次为王府大门、广亮大门、金柱大门、蛮子门、如意门、随墙门等。广亮大门与金柱大门为民居建筑的高等级门制，两者的区别在于门中轴线的进深不同，广亮大门门楼的进深规格更大（图6-16）。

广亮大门

金柱大门

图6-16　广亮大门与金柱大门

第十一节　构件之门钉

古代的封建统治者为了体现自己至高无上的尊贵地位，明确规定了皇宫门上的门钉为九纵九横，每排九颗共八十一颗（中国紫禁城及皇家园林、行宫的大门，装饰"九路钉"，每扇门的门钉纵横各九颗），亲王府的门上门钉七排九纵共六十三颗，侯爷府门钉为七排七纵共四十九颗，普通官员即使是一品大员，没有皇帝的许可或恩赐，最多五排五纵共二十五颗。平民百姓不可以使用门钉。这就是等级的象征，所以能够享受得起九九八十一颗门钉的尊荣只能是皇帝（图6-17）。

图 6-17 济南府学文庙门钉五纵七排

第十二节 建筑色彩的等级

清朝规定皇宫正殿门为红色，一至三品官员府第门为红色，四品以下官员府第门为黑色。

历朝历代对建筑物的装饰色彩也有等级划分，总体说以黄色为尊，其下依次为赤、绿、青、蓝、黑、灰。宫殿用金、黄、赤色调，而民居却只能用黑、灰、白为墙面及屋顶色调（图 6-18）。

黑白灰

金黄赤

皇宫与民居的色彩对比

图 6-18 北京故宫与扬州老街道的色彩对比

《礼记》中规定："楹，天子丹，诸侯黝（黑）大夫苍，士黈（黄）。"根据五行学说：赤色象征喜富，北京故宫的宫墙、檐墙、门窗、柱一律用红色。因此文学作品中多用"丹楹""朱阙""丹槛""朱榱"等描写之。自隋以来，黄色反映在等级上，地位远超过红色，并为皇帝的专用色。由于黄色的地位上升，因此开始在亲王官邸中使用红色，但平民百姓门柱仍使用黑色。

五行之中，黄色为中央方位。《易经》说："君子黄中通理，正位居体，美在其中，而畅于四支，发于事业，美之至也。"所以黄色自古以来就被当作居中的正统颜色，为中和之色，居于诸色之上，被认为是最美的颜色。黄色琉璃瓦属于皇帝专用的颜色，使用在皇帝的行宫、住所等，如北京故宫，另外孔子被帝王加封为"文宣王"，所以孔庙也使用黄色琉璃。

绿色琉璃瓦，仅次于黄色，用于王公贵族、宗教寺院等建筑；同时绿色是春天的颜色，它象征着万物复苏，给人无尽的希望。在古代，绿色琉璃瓦建筑多为皇子皇孙居住的地方（图6-19）。

图 6-19　王府的琉璃瓦为绿色

蓝色琉璃瓦，是代表天的颜色，只有在祭天的地方使用，如北京天坛（图6-20）。

图 6-20 北京天坛

黑色琉璃瓦，一般用于品级稍低的官员（清末因政府管控不足，富贵人家也有部分使用），皇家建筑特殊的地方也会使用，按五行排序，北方属水配以黑色，在北京故宫藏书的地方——文渊阁的屋顶就是用的黑色琉璃瓦，代表以水克火的消防作用，在庙宇的配房也使用黑色瓦面，代表等级较低，显示尊者居中的思想。

彩色琉璃瓦，通常适用于皇家花园，象征富丽。御花园有五色琉璃花坛，内植太平花、牡丹花。花坊前赏花，五色琉璃则锦上添花（图 6-21）。

图 6-21 浙江三国城御花园的设计借鉴了北京故宫御花园彩色琉璃瓦的特点

第十三节　中国最高等级的建筑

我国古代建筑体现了严格的等级制度。等级的分类有严格的规定和代表符号，具体的代表符号体现在很多建筑位置上。建筑基座的高低是最主要的，目前大型建筑的基座数北京故宫的太和殿、中和殿和保和殿最高，它们是最高等级的建筑群，其中太和殿又是这之中等级最高的一座建筑。中国最高等级的建筑群有三处，另外两处分别是山东曲阜孔庙建筑群（代表建筑为大成殿）、山东泰山脚下岱庙建筑群（代表建筑为天贶 [kuàng] 殿）。但是这两处的建筑基座比北京故宫的要矮一级。为什么说这三处的古建筑都是最高等级的呢？

其一，最主要的是屋顶的形式。我们祖先建筑房屋的屋顶形式主要有以下几种：最高级的是"庑殿顶"而且是重檐庑殿顶，这是屋顶形式中最高等级的（图6-22）。

图6-22　北京历代帝王庙景德崇圣殿重檐庑殿顶

其二，琉璃瓦是老百姓的宅院中不能使用的，老百姓家的瓦是黑瓦，俗称也叫布瓦。一般的大臣的府邸也不能使用琉璃瓦。皇亲国戚和皇帝特许恩赐的可以使用彩色琉璃瓦，但是不能使用黄色琉璃瓦。

高等级寺庙可以用琉璃瓦，其他皇家特许建筑的用绿色琉璃瓦居多。黄色琉璃瓦仅限于皇宫，祭拜圣人的孔府、孔庙（文庙），封禅的岱庙以及皇家寺庙可以用。可见黄色琉璃瓦是最高等级建筑的象征（图6-23）。

图 6-23 泰安岱庙天贶殿

其三，斗拱也是同样的要求。斗拱是柱头上承担梁枋重量的主要构件。皇室建筑为了建筑的挑檐深度和整体建筑体量的庄重，随着朝代的变化和技术的进步，一直往烦琐和复杂的方向发展，所以看斗拱的形式也能看明白建筑物的建筑朝代和级别。

其四，屋脊两端的吞脊兽，包括四条戗脊挑檐角上的小兽、戗兽等黄色琉璃制品都只能为皇家所用，一般的大臣与老百姓家是绝对不可以用的。瓦上的小兽总共有九只。北京故宫太和殿为了彰显尊崇的地位，琉璃小兽又多了一个行什，所以太和殿是全国所有古建筑大殿中等级最高的。

还有其他的集中表象能说明建筑的等级，例如汉白玉须弥座的台基、汉白玉寻杖栏杆、和玺彩绘等。以上仅仅代表明清古建筑的等级区别，遇到其他朝代的也有部分不同，这里不再细说（图6-24）。

图 6-24　高等级古建筑都采用汉白玉台基与栏杆

第十四节　构件之东道主

在古代，人们的座席是有着严格的主宾位之分的，经常尊东为主位，称西为宾位，现在的"东道主"延续的就是这个意思。下面说说"东道主"这一常用词语的由来。

在商周时期，古人崇尚礼仪，西方为尊，所以，有宾客来访时，主人都是站立在东侧的台阶迎客，久而久之，就有了东道为主的说法（图 6-25）。

宾位　　　　　　　　　　　主位

图 6-25　宾位、主位示意图

"东道主"这个词来自春秋时期的一个典故。公元前 630 年，晋文公和秦穆公的联军包围了郑国国都。郑文公在走投无路的情况下，向老臣烛之武求救。烛之武想了很久，决定深入险地，凭自己的口才设法为郑国解围。当夜，烛之武趁着天黑叫人用绳子把自己从城头上吊下去，私下会见了秦穆公。晋国和秦国是当时的两个大国，但为了各自的利益常常明争暗斗。烛之武巧妙地利用了两国的矛盾，对秦穆公说："秦晋联军攻打郑国，郑国怕是保不住了。但郑国灭亡了，对贵国一点儿好处也没有。因为从地理位置上讲，秦国和郑国之间隔着一个晋国，贵国要越过晋国来控制郑国，恐怕是难以做到吧。到头来得到好处的还是晋国。"

　　秦穆公听了，觉得烛之武说得有理，心中有点儿动摇，烛之武又进一步说道："要是您能把郑国留下，作为你们东方道路的主人，你们的使者来往经过郑国，万一缺少点什么，郑国一定做好安排，充分供应，这有什么不好？"秦穆公终于被烛之武说服了，单方面跟郑国签订了盟约。只剩下晋国，独木不成林，晋文公无奈，也只得退兵了。烛之武用自己的聪明才智和非凡的勇气成功挽救了郑国。

　　秦国在西，郑国在东，所以郑国对秦国自称"东道主"。后来，这个词就泛指接待宴客的主人，现在也指赛事、会议的主办国（地）（图 6-26）。

图 6-26　山西介休张壁古堡

第十五节　构件之如意门

位置：传统北方民居建筑入户大门的一种形式。

我们北方传统民居大门分为广亮大门、金柱门、蛮子门和如意门等形式。如意门与其他屋宇式大门的最大区别在于，前檐柱间砌墙，在墙正中位置留出门洞，安装门扇。门洞左右上角各挑出一组"如意"形状的砖雕，俗称"象鼻枭"。门楣上方安装门簪两个，多刻有"如意"二字，以求"万事如意"，这大概就是如意门名称的由来（图6-27）。

图 6-27　如意门示意图

如意本来是民间的一种挠痒痒用的东西，取其名曰："尽如人意"（图6-28）。古代蒙学《音义指引》上说："如意者，古人爪杖也，或骨角竹木削作手指爪，柄可长三尺许，或脊有痒，手不到，用以搔爪，如人之意。"这种"挠痒痒儿"的工具，在南方被称为"不求人"，北方人则叫作"老头乐"。

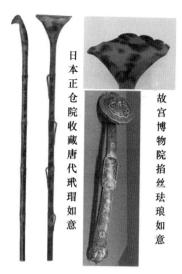

日本正仓院收藏唐代玳瑁如意

故宫博物院掐丝珐琅如意

图 6-28 如意

　　魏晋南北朝时期，如意的形制以柄首呈屈曲手掌式为主流；唐代发展为柄身扁平，顶端弯折处演变为颈部，柄首为三瓣卷云式造型。从唐代的壁画和传世文物中可见手持如意的菩萨像。这个时期如意非常走红，上至达官贵族，下至平民百姓，你要是手里没个抓挠（如意），都不好意思跟人打招呼。后来一部分手爪状的如意头，渐渐变成了祥云状、灵芝状，淡化了实用性，用料也从木头、金属，变成了金银宝玉，成为一种权势富贵的象征。到了明朝的时候，痒痒挠儿就是痒痒挠儿，如意就是如意。民间逐渐演变成了吉祥话：事事如意（图6-29）。

图 6-29 河南苏寨民居平安如意纹门板

"如意"在古代贵族阶层原是一种象征祥瑞的器物，用金、玉、竹、骨等制作，头呈灵芝形或云形，柄微曲，供指划用或玩赏。佛教传进来之后在和尚宣讲佛经时，也持如意，记经文于上，以备遗忘。

如意门的构架多采用五檩硬山形式，平面有四或六根柱，两根前檐柱被砌在墙内不露明，柱头以上施五架梁或双步梁。如意门区别于其他宅门的地方，是前檐柱间的门墙以及它的构造装饰。如意门的门口，要结合功能需要和风水要求确定尺寸，一般宽 0.9~1 米，高约 1.9 米（指门口里皮净尺寸）。民间有"门宽二尺八，死活一起搭"的说法，是指二尺八的宽度已能满足红白喜事的功能需求。这个尺寸也正好合乎门尺中的"财门"的尺度要求。如意门的门楣装饰，无论是采取冰盘檐挂落形式，还是采取其他形式，它上面的砖构件都要接近檐椽的下皮，将檐檩挡在里面，不使露明，以突出砖活的完整性。

做得讲究的如意门，在门楣上方要做大面积的砖雕，砖雕多采用朝天栏杆形式，它的部位名称由下至上依次为：挂落、头层檐、连珠混、半混、盖板、栏板望柱。在这些部位，依主人的喜好或传统装饰内容，分别雕刻花卉、博古、万字锦、菊花锦、竹叶锦、牡丹花、丁字锦、草弯等图案。

第十六节　构件之门当户对

位置：传统建筑入户大门前的装饰构件。

根据《说文解字》解释："门，闻也，从二户；户，护也，半门曰户。"可以看到"门户"指的就是家门。门当是什么意思？所谓"门当"，原指大宅门前的一对石鼓，又叫抱鼓石，有的抱鼓石坐落于门础上。因鼓声宏阔威严，厉如雷霆，人们信其能避邪，故民间广泛用石鼓代替"门当"。"门当"的形状有圆形与方形之分，文官家宅用方形，武官府邸用圆形。户对说的是什么？所谓"户对"，即置于门楣上或门楣双侧的砖雕、木雕，是将安装门扇上轴所用连槛固定在上槛的构件，取双数，故名"户对"（图6-30）。

金柱大门

图 6-30 "门当""户对"示意图

"户对"的多少与宅院主人官品职位的高低有关。以前，三品以下官宦人家的门上有两个户对，三品的有四个，二品的有六个，一品的是八个，只有皇帝的皇宫才能有九个，取"九鼎之尊"之意。后来逐步演变成了装饰构件，就很少有四个以上的设置了。

"门当"和"户对"除了有镇宅装饰的作用，还是宅第主人身份、地位、家境的重要标志。"门当"与"户对"上往往雕刻有适合主人身份的图案，而且门当的大小、户对的多少又标志着宅第主人家财势的高低（图6-31）。

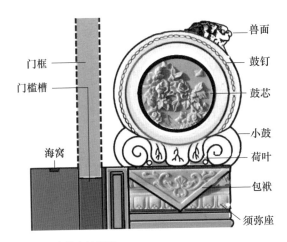

门框

门槛槽

海窝

兽面

鼓钉

鼓芯

小鼓

荷叶

包袱

须弥座

图 6-31　门当代表的寓意

经商世家的"门当"镌刻花卉图案；官宦府第为素面无花卉图案。文官门前的"门当"是一个方形上立一瑞兽或书箱和砚台；武官家宅门前自然立一对圆形战鼓（图 6-32）。

文官

武官

图 6-32　文官与武官"门当"形式区别

没想到"门当户对"的婚姻观念，竟然是从建筑学中延伸而出的。中华传统文化中，门第等级观念浓厚，婚姻大事更是如此。媒人在说媒前都要先观察"门当"纹饰、形状和"户对"数量，媒人一般找有相同数量"户对"的家去说媒才容易成功，不然就是"门不当，户不对"，也就很难说成媒了。

第十七节　构件之宝瓶

位置：一般建筑四角挑檐支撑，闽南建筑有部分在屋脊中间做装饰。

宝瓶，又叫罐、净瓶，作为佛教吉祥八宝清净之一的净瓶，同时也是密宗修法时灌顶的法器，瓶中装净水，象征甘露，瓶口插有孔雀翎，象征吉祥清净，代表福智圆满。而且也是无量寿佛的手中持物，象征灵魂永生不死。在古建筑中汉代以前的建筑构件基本没有宝瓶的形象，这和佛教的发展变化是有密切关系的（图6-33）。

图6-33　河南焦作万善寺山门

中国传统风水学中，宝瓶就有吸收煞气、趋吉避凶的作用，寓意吉祥、富贵、旺财、和谐之意，是古今阳宅风水学里必不可少的物件，因此备受青睐。现代人特别喜欢宝瓶的原因，宝瓶和"保平安"同意。希望借助神奇的寓意让自己和家人平安（图6-34）。

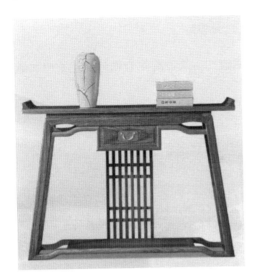

图 6-34　用案几与花瓶作为玄关布置，营造出平平安安的寓意

第十八节　构件之平步青云

位置：园林建筑门前台阶。

平步青云是一个汉语成语，意思是指人一下子轻易登上很高的官位。语出自《史记·范睢蔡泽列传》："须贾顿首言死罪，曰：'贾不意君能自致于青云之上。'"

在很多传统园林建筑中，厅堂轩榭入口门前，都有一块湖石状似云彩，取名一梯云，寓意为"平步青云"。每有游人经过都会踩上一脚，既是一乐，也带来了满满好心情（图 6-35）。

图 6-35　入口门前的台阶，寓意"平步青云"

第十九节　构件之石来运转

位置：一般在园林的入口或园林中心之处。

石来运转，"石"借指"时"，指四时，即春夏秋冬，《释名》说"四时，四方各一时。"《魏志》刘广上疏曰："臣遭乾坤之灵，值时来之运。"此时，为时机，机缘。谓本来处境不利，遇到机会，自逆境变为顺境。

《白雪遗音·马头调·麻衣神相》："奴怎比韩氏素梅，生在烟花，时来运转，贵人提拔，才把君恩拜。"

《隋唐演义》八十三回："然后渐渐时来运转，建功立业，加官进爵，天下后世，无不赞他的功高一代，羡他的位极人臣，那知全亏了昔日救他的这位君子。"亦作"时来运旋"。

中国古典园林最富特色的景观，就是园林峰石。清代大贪官和珅的府邸，也就是现在的恭王府，后花园进门的太湖石取名为"石来运转"。苏州阊门外留园，以泉石之胜、花木之美、亭榭之幽闻名遐迩。留园十二峰，是古代文人山水情怀的缩影（图6-36）。

图 6-36　苏州留园冠云峰，宋代花石纲遗物

第二十节　构件之赏石

位置：一般在园林或花园的入口和池塘边。

赏石是中国传统文化的一件雅事，从女娲炼石补天的神话传说到春秋楚国卞和献和氏璧的故事，再后来我们读到《水浒传》中花石纲的劳民伤财，都说明一种古代的文化现象。先前的"秀、瘦、雅、透"到清代郑板桥称米元章论石之"瘦、皱、漏、透"之说，都是对米公品石、相石经验的高度概括。一方奇石，如果具备这"四字真言"，它必有那阳刚之伟，外形轮廓棱角毕现，刚硬修长，中躯坚挺，不肿不疲，骨气显然，也就是所谓的"瘦"，侧重于石体外部轮廓的整体变化，给人清奇古怪、风骨嶙峋之感；如石之表面起伏跌宕，纡回峭折，阴阳正背，石肤富于变化，就又有了皱的沧桑；加上石体玲珑多孔，左右上下曲折相通，布局自然，有路可循，四处通达，内部变化多端，这样就具备了"四字"的全部精髓（图6-37）。

图 6-37　苏州留园太湖石

拂袖峰（图6-38）位于苏州留园"东园一角"中部。峰高约2.3
米，宽约1.3米。石身拂出一角，如古人袍袖。今"东园一角"原为
盛康"东山丝竹"（戏楼），其峰本不立于此。按所作峰石诗意来看，
峰本应位于今留园中部闻木樨香轩山溪边与半野草堂前。

图 6-38 苏州留园拂袖峰

到明清时期，有文人雅士将这四字真言，扩展成了"瘦、皱、漏、
透、丑"五字，"丑"字用得也非常贴切，很耐人琢磨。顽石形象更
多地展现在了画作之中。

作为审丑艺术上的传承内容之一，文人士大夫们普遍认同石头越
丑、越怪越好。久而久之，玩石、赏石的标准就在不经意之间达成了
共识。在著名的园林艺术中，都认可石头的"怪石嶙峋"为治园中置
石的无上妙处。

宋代大书画家米芾，字"章"，他是闻名古今的第一石痴，他举
止癫狂，人称"米癫"，他玩石如醉如痴，最有名的就是"米芾拜石"

的故事。作为石痴，则表现在他爱石的一些与众不同的行为上。他因为整日醉心于品赏奇石，以致荒废公务，好几次遭到弹劾贬官，但他仍然迷石如故，丝毫无悔改之意。一次，他任无为州监军，见衙署内有一立石十分奇特，高兴得大叫起来："此足以当吾拜。"于是命左右为他换了官衣官帽，手握笏板跪倒便拜，并尊称此石为"石丈"。此事很快传播开来，人们都觉得他的行为好笑。后来他又听说城外河岸边有一块奇丑的怪石，便命令衙役将它移进州府衙内，米芾见到此石后，大为惊奇，竟得意忘形，跪拜于地，口称："我欲见石兄二十年矣！"另一次，他得到一块端石砚山（一种天然形成的状如峰峦的砚石），爱不释手，竟一连三天抱着它入睡，并请好友苏轼为之作铭。米芾一生收藏的砚山和石砚非常多（清代《西清砚谱》中著录有多方米芾珍藏的石砚）。他在给想从他那儿得一方石砚的朋友回信中这样写道："辱教须宝砚，去心者为失心之人，去首者乃项羽也。砚为吾首，谁人教唆，事须根究。"由此可见，石头就是他的命（图6-39）。

图6-39　湖北武汉米芾拜石雕塑

　　米芾对石的"痴"和"癫"，《宋稗类抄》一书中叙述的一则故事能说明米芾"痴"的程度。他听说安徽的灵璧县产奇石，便请求到地接灵璧的涟水县为官。因为他的心思在石头上，因此到了涟水县之后，他一心收藏奇石，并给每一块奇石赋诗一首。他玩石玩得神魂颠倒，整日待在画室里不出来，有时一连几日不理公务。当时上司杨次公为察史（当时的官职），他平时就听说米芾玩石入迷，经常不理公务，便来规劝。他到了米芾府内，正色对米芾说："你身为朝廷命官，把你从千里之外派来，是要你勤于公务，你怎么能整日玩赏石头？"米芾走上前去从左边的衣袖里取出一块石头，嵌空玲珑，峰峦洞壑皆具，色极青润，并对杨次公说："这样的石头怎么能叫人不爱！"说着，他把这块石头又揣在衣袖中，接着又从衣袖中取出另一块石头，这块石头叠嶂层峦，更为奇巧，紧接着又取出第三块，并不无自豪地再对杨次公说："这样的石头怎么能叫人不爱！"哪知，杨次公突然改变了态度，高兴地说："这样的奇石并不是你一个人爱，我们也很爱。"说着，便从米芾的衣袖中取出三块石头，抱在怀中上轿便走了。

还有几个小故事更能说明米芾爱石爱砚成痴。一个是米芾把李后主收藏的好几方灵璧石砚山代为收藏后，以其中的一方灵璧石砚山换得镇江焦山甘露寺一块"风水宝地"，建成海岳庵，后世传为佳话。还有一次，宋徽宗和蔡京讨论书法，召米芾进宫书写一张大屏，并指御案上的砚可以使用。米芾看中了这方宝砚，写完之后，捧着砚跪在皇帝面前，说这方砚经他污染后，不能再给皇帝使用了，要求把砚赐给他。宋徽宗答应了他的请求。米芾高兴地抱着砚，手舞足蹈地跳了起来，然后跑出宫中，弄得满身是墨。宋徽宗对蔡京说："癫名不虚传也。"

第七章 构件造型中的科技与自然

第一节 构件之无梁殿

无梁，即没有梁架结构的建筑（图 7-1）。

无梁殿顾名思义，就是没有梁架的殿堂，这在中国古代可是另类的建筑形式。目前国内比较有名的无梁建筑存在于南京灵谷寺、苏州开元寺、峨眉山万年寺、宝华山隆昌寺。现存最大的一座是南京灵谷寺无梁殿。

图 7-1　无梁殿结构示意图（与石拱桥类似）

1381 年，位于南京紫金山下的灵谷寺，矗立起了一座宏伟的砖石建筑——无梁殿。600 多年过去了，无梁殿几经战火，历经沧桑，但凭借它一身坚固的石砖拱券结构，才得以完好地保存至今。灵谷寺无梁殿殿内现为阵亡将士公墓祭堂（图 7-2）。

图 7-2　南京灵谷寺无梁殿

　　灵谷寺无梁殿建于明洪武十四年（1381 年），殿中供奉无量寿佛，因此被称为无量殿，又因为整座建筑全部用砖垒砌，没有木梁、木柱，故谐称无梁殿。据记载，无梁殿在正统年间曾祀立三大佛，两边立有二十四诸天像，并被用于藏经。该殿在清朝嘉庆和道光年间曾多次修葺，咸丰年间，灵谷寺一带是清军江南大营，寺内建筑大多毁于清军与太平军的战火，仅这座砖结构的无梁殿幸存（图 7-3）。

图 7-3　南京灵谷寺无梁殿内景

　　本以为无梁殿在中国古代是极少的建筑形式，通过各地的了解和搜寻，发现此类建筑在中原地区还是比较多的。仅山西省就约有近十座记载和遗存。五台山"显通寺"原名"大孚灵鹫寺",是中国继白马寺之后的第二座寺庙,寺庙中轴线上有七重大殿,其中最为罕见的是一座汉白玉石砌成的"无梁殿",整体砖石砌成没有用一根柱子,结构奇特。此殿充分运用了力学的原理,外观是两层结构,实际是个一层的穹窿拱洞顶,拱洞由一块块青砖垒砌,扶摇直上,边上边缩。通高达 20.3 米,面宽 28.2 米,进深达 16.2 米,为国内明代建筑中不可多得之瑰宝(图 7-4)。

图 7-4　山西五台山无梁殿

　　山西太原香岩寺俗称无梁殿,始建于金明昌元年(1190 年),明清迭有增修,主体建筑为并连石结构无梁殿三座,自东向西分别为地藏殿、释迦殿、观音殿。三大殿外檐均施仿木石构件,殿内四角石雕单杪斗拱,殿顶以抹棱石梁叠涩垒砌八角藻井,不施梁架,故称"无梁殿"。

第二节　构件之金殿

　　古代把铜铸的建筑称为"金殿"(不同于金銮殿)。

　　昆明金殿,让人们不禁想起吴三桂和陈圆圆的故事,但事实上在此之前,围绕金殿建筑已经发生了不少耳熟能详的故事(图 7-5)。

图 7-5 昆明金殿山公园

　　鸡足山金殿是目前国内最大、最完整的纯铜铸殿,与武当山天柱峰的真武金殿、大理宾川鸡足山金顶有着很大的联系,其建于明万历三十年(1602年),是云南巡抚陈用宾仿照湖北武当山天柱峰及湖北武当山的建筑风格而建的。金殿内主要供奉着北极真武大帝,金殿四周用砖墙保护,金殿内还设计有城墙、宫门等结构,而且名字也叫太和宫。到了明崇祯十年(1637年),张凤翮将铜殿迁到宾川鸡足山。

　　五台山显通寺坐落在台怀镇,它是五台山众多寺庙中建寺最早的一座。该寺历史悠久,铜殿是寺内重要文物之一。铜殿高8.3米,宽4.7米,深4.5米,是明万历三十四年(1606年)用铜十万斤铸成的。殿建平面见方,宽九尺(3米),深八尺(2.7米),高丈余(3.3米),外观两层,内为一室,四角四柱,柱础似鼓。殿内上层四面六扇门,下面四面八扇门,殿中央供奉着高三尺(1米)的铜佛。铜殿的每扇门由一个省铸造,纹饰之美,工艺之精,让人叹为观止。殿内四壁上有小佛万尊,金光闪闪,灼灼照人。殿内四壁铸满了佛像,号称万佛(图7-6)。

图 7-6　五台山显通寺金殿

昆明鸣凤山金殿（铜殿）铸造工艺精湛，说起昆明金殿，人们就会想起吴三桂和陈圆圆的故事。但事实上与陈圆圆没有一点儿的关系。清康熙九年（1670年），吴三桂被册封为平西王，在掌握云贵地方大权后，逐步扩充势力，后借着朝廷"削藩"反叛，企图北进中原与清王朝抗衡。他在昆明鸣凤山修葺太和宫，借着给母亲祝寿的名义重建真武铜殿。传说明朝的皇帝都把自己誉为"真武大帝"的化身，吴三桂也以自己的容貌铜铸神像，置于真武铜殿作为家庙。

当年铸250多吨的巨大铜殿彰显其武功大德，与他显赫的平西王身份相称。铜殿于清康熙十年（1671年）十月十六日竣工落成后，因吴三桂在康熙十二年（1673年）举兵反清，故方志碑记只称"清康熙九年重铸"，回避吴三桂为己身铸铜殿的真相。

无独有偶，在泰山上原来也有一座"金殿"，即现在的岱庙铜亭，铜亭原名"金阙"，原在泰山极顶的碧霞祠，阙内供奉泰山圣母碧霞元君。铜亭是全铜铸造，表面镏金，所有构件均按照木质结构所铸，都按卯榫搭接便于拆装。据说，明代李自成的起义军攻下泰安，随后上泰山，见金殿熠熠生辉，误以为纯金所铸，如获至宝。于是命将士拆下搬运下山，结果发现为铜铸，遂弃之遥参亭内。金殿内供奉的元君神像，也移至元君下庙之灵应宫。清道光年间，官府因铜荒，拟将金殿熔化铸钱，先毁门窗，发现其铜质难以利用，才使得金阙免遭损毁。金殿也由此缺失了门窗而变为了现在的铜亭（图 7-7）。

图 7-7　泰安岱庙铜亭

第三节　构件之偷梁换柱

偷梁换柱是中国传统的一个成语典故，本意是指古代匠人在对建筑进行大修时，在不拆动整体结构的情况下，进行梁柱维修或更换的一种施工方法。

传统做法中"偷梁换柱"有两种方式。一是用牮（jiàn）杆支顶与柱子有连接的梁架，以卸掉柱子的承重，再将柱子周边挖槽，去除柱础石，然后将提前加工好的柱子替换上；二是不移动柱础石，用牮杆将柱头周边的结构抬起来，代替柱子的承重，抬起高度以露出管脚榫为准，再拆除残柱更换新柱或采用墩接法更换柱脚（图 7-8）。

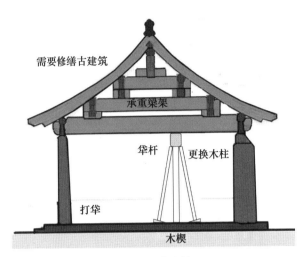

需要修缮古建筑

承重梁架

伞杆   更换木柱

打伞

木楔

图 7-8　以伞杆代替柱子承重，更换木柱

更换梁枋一般不需要动柱子，只利用伞杆支撑起需要更换的梁枋部位上方，达到能够拆除更换的目的即可。

成语"偷梁换柱"，引申意指用偷换的办法，暗中改换事物的本质和内容，以达蒙混欺骗的目的。"偷天换日""偷龙换凤""调包计"，都是同样的意思。在军事上偷梁换柱也是三十六计之一，指在与友军联合对敌作战时，反复变动友军阵线，抽调其精锐主力，趁其无法自立之时，将其全部控制。此计归于第五套"并战计"中，本意是乘友军作战不利，借机兼并他的主力为己方所用。此计中包含尔虞我诈、乘机控制别人的权术，所以也往往用于政治谋略和外交谋略中。

最经典的故事是秦始皇称帝后，自以为江山一统，是子孙万代的家业了。但是认为自己身体还不错，一直没有立太子。此时的秦宫廷内，存在两个实力强大的政治集团。一个是长子扶苏、蒙恬集团，另一个是幼子胡亥、赵高集团。扶苏恭顺好仁，为人正派，在全国有很高的声誉。秦始皇本意欲立扶苏为太子，为了锻炼他，派他到著名将领蒙恬驻守的北线为监军。幼子胡亥，早被娇宠坏了，在宦官赵高的教唆下，只知吃喝玩乐。

公元前 210 年，秦始皇第五次南巡，到达平原津（今山东平原县附近），突然一病不起。此时，秦始皇也知道自己的大限将至，于是连忙召丞相李斯，要李斯传达密诏，立扶苏为太子。当时掌管玉玺和起草诏书的是宦官的头儿赵高。赵高早有野心，看准了这是一次难得的机会，故意扣押密诏，等待时机。

几天后，秦始皇在沙丘平召（今河北广宗县境）驾崩。李斯怕太子回来之前，政局动荡，所以秘不发丧。赵高去找李斯，告诉他，皇上赐给扶苏的信还扣在我这里，现在立谁为太子，我和你就可以决定。狡猾的赵高又对李斯讲明利害，说如果扶苏做了皇帝，一定会重用蒙恬，到那个时候，宰相的位置你能坐得稳吗？一席话，说得李斯果然心动，二人合谋，制造假诏书，赐死扶苏，杀了蒙恬。

赵高未用一兵一卒，只用偷梁换柱的手段，就把昏庸无能的胡亥扶为秦二世，为自己今后的专权打下基础，也为秦朝的灭亡埋下了祸根。

第四节　构件之减心造

减心造也称为减柱造。顾名思义，就是在建筑大殿时，减去几根柱子的做法。一般来说中国传统建筑都讲究对称，所有门窗、柱子、布局都是成双成对安排的。而减柱造确实是一个特例，据考证是由辽代契丹人发明的。此工艺最大限度地扩大了建筑室内空间，更方便于宗教活动的开展，所以在那个时代，佛教寺院应用得较多（图7-9）。

此处应用了减柱技术

图7-9　山西大同善化寺大雄宝殿

现存应用减柱造的建筑有两种基本形式，第一种是减去室内纵向的柱子，把前金柱去掉；第二种是减去明间、次间的金柱，让横向空间更开阔。

在山西五台山佛光寺金代文殊殿以及大同的几个辽代建筑物中，都有不同的减柱造做法，由此来看应该是特别流行于辽金时期的建筑中。薄伽教藏殿在山西大同市西部，殿内采用减柱法，减少内柱十二根，扩大了前部空间面积，便于布列佛像和进行佛教活动（图7-10）。

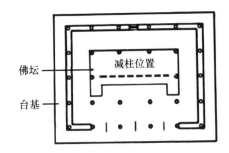

图 7-10　薄伽教藏殿平面图

我国内陆地区现存的古建筑大多数是以明清为主，一般情况下没有使用减柱造的。识别减柱最简单的方法，是看室内构件是不是对称。

北京故宫保和殿面阔9间，进深5间，建筑面积1240平方米，高29.5米。屋顶为重檐歇山顶，上覆黄色琉璃瓦，上下檐角均安放9只小兽。上檐为单翘重昂七踩斗拱，下檐为重昂五踩斗拱。内外檐均为金龙和玺彩画，天花为沥粉贴金正面龙。六架天花梁彩画极其别致，与偏重丹红色的装修和陈设搭配协调，显得华贵富丽。殿内金砖铺地，坐北向南设雕镂金漆宝座。东西两梢间为暖阁，安板门两扇，上加木质浮雕如意云龙浑金毗庐帽。建筑上采用了减柱法，将殿内前檐金柱减去六根，使空间宽敞舒适。

第五节　构件之悬空柱

在广西玉林容县城东的绣江北岸，有一座千年石台，名为经略台，始建于唐代。在这座石台上存在着一座最神奇的古建筑，那就是真武阁。真武阁建于明万历元年（1573年），已有400多年历史。其二、三层及屋顶部分用四根悬柱加穿枋组成整体性的亭子式样构造，明代的能工巧匠将此亭的重量传给每边超过六道的穿枋，再传到贯穿整栋楼阁的主要受力柱，也可称为擎天柱。真武阁有三大特色：一是地基既没有坚硬的石头，也没有牢固的钢筋水泥，而全是在砖墙内填上夯实的河砂，经略台、真武阁建在砂堆上，历千年而不倒；二是全楼阁不用一颗钉子，全部是木榫结构，以杠杆原理串联吻合，数百年里却稳如泰山；三是二楼中有四根大柱子承受上层楼板、梁、柱和屋瓦的千钧重量，柱脚却悬空不落地（图 7-11）。

图 7-11　广西容县真武阁

真武阁以"静中有动、动中有静、虚实相间、刚柔互补、阴阳合一、化弊为利、动静平衡、适量适度"的辩证法则，求得整体结构的平衡与稳定，使真武阁得以屹立四个世纪之久，充分展现了和谐的力量。

真武阁立柱悬空，历经百年风雨不倒。当地流传着这样一个传说：明朝时，有位工匠接受了建造楼阁的任务，但却迟迟没有招工备料，直到某天夜里，容县突然风雨交加，次日，江边石台上出现一栋纯木质的三层楼阁。相传那位神奇的工匠就是鲁班仙师，他所建造的楼阁名为真武阁。在真武阁的整体结构中，最精巧、最奇特的部分莫过于二层有四根悬空柱，平均离地距离在 2~3 厘米。

据清光绪二十三年（1897 年）编的《县志》记载，真武阁历经了多次大地震、大台风等自然灾害的考验。如清康熙四十五年（1706 年）三月，容县一带遇大风，"武庙前旗杆长三丈，大风拔起……所过垣墙皆塌"。清咸丰十年（1860 年）六月初六，容县"地震有声雷轰然，屋宇皆摇"。距今最近的一次自然灾害发生在 2005 年 3 月 22 日上午 7

时 42 分，据容县气象部门报告，当地遭受了持续 5 分钟的大风伴随暴雨的袭击，中心风力超过 12 级，最大风速 37 米 / 秒。这场风雨将真武阁前一棵直径 0.8 米的百年榕树拦腰吹断。经历了如此大风，真武阁仅有部分瓦面和脊饰被倒下的树枝压碎，主体结构完好无损，因此被誉为"天南杰构"。

经过几代专家的研究，真武阁二楼的四根悬空柱，与周边梁柱形成了一个微妙的天平结构，也相当于现代超高层建筑的阻尼系统。随着大风与地震等级的变化，阁楼随震动与风力发生倾斜，悬空柱就派上了用场。只要发生倾斜，就有一侧悬空柱与地面接触，从而形成一股支撑力（图 7-12）。

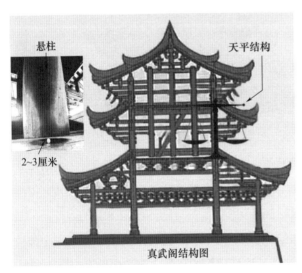

图 7-12　真武阁结构示意图

一般此类建筑常用垂莲头装饰倒悬的短柱，也就是我们常在垂花门中看到的垂花柱，垂莲头底部必须预留一人多高的空间，方便行走，但真武阁二楼的悬柱十分粗大，若是做成垂莲头，距离地面就只有半人高，既不美观又不实用。由于做不了传统式样，聪明的工匠用悬柱解决了这个构造上、力学上以及美观上的难题，再加上整栋楼阁运用了精巧准确的榫卯技术，将真武阁组成优美稳固的统一整体，不易倾塌。简单说，二楼的四根柱子就像垂花门的垂花柱一样，通过结构的关系把重量传到了承重柱上，悬空柱起到了一个平衡的作用。

广西贺州富川的马殷庙同样有此绝妙表现。马殷庙由两庙（马楚大王庙、马楚都督庙）一桥（钟灵桥）组成，为祭祀五代十国时期楚国国王马殷而建。马殷庙在建筑结构上，大量采用古楠木、大水杉和香檀木来营造，这不仅使得整座建筑坚固耐用、高贵典雅，还能使庙宇在漫长的岁月中散发着阵阵幽香（图7-13）。

图 7-13　广西贺州富川马殷庙

庙内的设计排列十分有序，分为明间、正间、次间、梢间，两边都各设厢房。厅堂是宽敞、豁亮的，铺砖镶石，设计者就地取材，将庙中的一个大型生根奇石辟为托柱石磴，根据奇石形状分别雕刻为莲花磴、兰花磴、麒麟磴、龙凤祥云磴等，形成独特的奇石奇柱奇观，令人赞叹（图7-14）。

图 7-14　马殷庙庙内一

197

石礅座上的 120 根粗大木柱，高高擎起，雄浑挺拔，承受着庙宇的重托。因而，马殷庙也被称为"百柱庙"，而最玄妙的是其中 44 根为悬柱。此庙建成后即成为建筑史上的传奇，也成为楚文化沿着贺州古道南传的重要历史遗迹。马殷庙所在的福溪瑶寨每年元宵和中秋都会举行庙会，百里瑶乡及湖南江永、桃川一带瑶民都到这里看戏、对歌、跳舞，举行盛大的祭祀、点灯等庆典活动，成为富川重要的民俗文化盛宴（图 7-15）。

图 7-15　马殷庙庙内二

第六节　构件之阁楼中空结构

8 世纪后，佛寺流行菩萨崇拜，为供奉高大的观音立像，推动了多层且楼板中空的结构发展，以天津市蓟州区独乐寺观音阁为典型代表。

独乐寺位于天津市蓟州区，相传始建于唐。传说名将尉迟敬德因行军路过此地，当地百姓积极帮助唐军，战役胜利后在此建独乐寺以感恩。后经辽统和二年（984 年）重建，现存辽代建筑尚有山门及观音阁两处，今存之建筑的木构部分为当时所建的原物（图 7-16）。

图 7-16　独乐寺山门

　　当地人流传独乐寺为安禄山誓师之地。"独乐"之名，也是安禄山所命，说安禄山只思独乐而不与民同乐，所以才这样命名。其实在蓟州区西北，有一条河叫独乐水，为蓟州区境内名川之一，不知寺以水为名，还是水以寺为名。按传统说法，应该是以水命名吧。

　　观音阁位于山门以北，重建于辽统和二年（984 年），外观两层，有腰檐、平坐；内设三层（中间有一夹层）屋顶为歇山顶。观音阁设计别具匠心，并以其建筑手法之高超而著称于世。二十八根立柱，作里外两圈升起，用梁桁斗拱联结成一个整体，赋予建筑极大的抗震能力。虽历经多次大地震，至今仍巍然屹立。这座建筑的特色是中空，四周设两层围廊，做了跟观音阁平面形式一样的长方形合围勾栏；最上层的勾栏又变成了六边形；而在最顶上，观音像的顶部是一个八边形的藻井，三种形状，逐层缩小。空间构思独特，台基为石建，低矮且前附月台。平面为宋《营造法式》中，称为"殿堂"结构中的"金厢斗底槽"式样，并在二层形成六边形的井口，以容纳 16 米高的辽塑 11 面观音像（图 7-17）。

图 7-17 独乐寺观音阁

在中国的传统建筑历史中，建筑祖师鲁班已是众多能工巧匠的代表，劳动人民聪明才智的化身。独乐寺的建造也流传着鲁班的智慧传说。一个传说是尉迟敬德在修建观音阁时，遇到了一个大难题，观音塑像 16 米高，一般的殿堂无法建造得如此高大，也没有任何可以参考的结构形式可以安放如此巨大的塑像。他每日愁思苦想，终于在一个夜里梦到一位老者，托举着一个鸟笼在自己的眼前走来走去，问他也不答话。早上醒来后尉迟敬德豁然开悟，按照鸟笼的结构原理设计出了观音阁中空阁楼的精妙结构（图 7-18）。

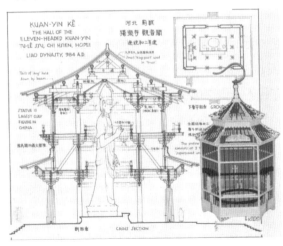

图 7-18 鸟笼原理示意图

另一个传说是独乐寺由尉迟敬德负责监修，当观音阁梁架支好，工匠准备要钉檐椽，此时来了一位白发老者，说："我也是木匠，出门在外没有盘缠了，我或许能提供一点建议，请赏口饭吃。"尉迟敬德便让老者一起用餐。老者夹着菜，尝了尝说："盐短。"有人给捏撮盐，老者再尝，还说"盐短。"吃完饭临走时，抬眼一扫观音阁，一边摇头走着，一边不停地念叨"盐短、盐短。"尉迟敬德一听，猛然醒悟：鲁班爷点化我等，椽头出檐太短了！果然，待椽放长一尺，大阁顿时出檐深远，高挑如飞，成为中国建筑史上的杰作。

第七节　构件之日晷

　　日晷为官式建筑主要殿堂前的计时用具。

　　北京故宫三大殿月台上设置日晷、嘉量各一，铜龟、铜鹤各一对（龟鹤代表长寿，在其他章节已有叙述）。日晷是古代的计时器，嘉量是古代的计量器，二者都是皇权的象征。此处设置日晷，象征皇帝拥有向天下万民授时的最高权力。

　　日晷名称是由"日"和"晷"两字组成。"日"指"太阳"，"晷"表示"影子"，"日晷"的意思为"太阳的影子"。北京故宫三大殿月台上的日晷由汉白玉制成，晷针铁制，指向南北极，垂直于晷盘，晷座呈正方形，由四根汉白玉石柱支撑。晷盘按照平行于赤道面的角度倾斜放置在晷座上（图7-19）。

图 7-19　左图为北京故宫日晷，右图为山东孟府日晷

晷针投影随太阳运转移动，晷盘上面的刻度表示从春分到秋分（即赤道以北）的半年，晷盘下面表示的是从秋分到来年春分（即赤道以南）的刻度。因此，所谓日晷，就是白天通过测日影定时间的仪器，是我国古代较为普遍使用的计时仪器。由于日晷必须依赖日照，不能用于阴天和黑夜，因此，单用日晷来计时是不够的，还需要其他种类的计时器，如水钟、沙漏等与之相配。

嘉量是古代的标准计量器，有斛、斗、升、合（此处读 gě）、龠（yuè）。北京故宫设置的嘉量是清乾隆时期仿汉代王莽时期的嘉量制成。表明皇帝拥有设立度量、衡定标准的权力，代表着天下一统。

除了北京故宫，在孔府、孟府都有日晷和嘉量的设置，代表各朝代对文圣的尊敬与追捧（图 7-20）。

图 7-20 左图为北京故宫嘉量，右图为山东孟府嘉量

第八节 构件之月梁

月梁指：南方梁架结构中的主、次梁。在北方的木结构建筑中，多做平直的梁，而南方的做法则将梁稍加弯曲，形如月亮，故称为月梁（图 7-21）。

图 7-21　月梁

　　月梁一般用于大住宅、大府第、大厅堂、大佛殿、大祠堂等比较大型的传统建筑，而且大月梁与平梁的表面不是光秃秃的，在施工完毕之后都要进行雕刻或绘彩画。在皇家的建筑中都雕绘龙凤之类的图画，如清代一位皇帝曾出的上联为："雕梁雕出双凤舞"，随后的大臣答曰："画栋画到六龙飞"（图 7-22、图 7-23）。

图 7-22　杭州岳庙浮雕装饰的月梁

图 7-23　月梁上的浮雕装饰

第九节　构件之月台

月台为正房、正殿前的平台部分（图 7-24）。

说月台之前我们先欣赏一首宋代曹勋的《临江仙·连夜阴云开晓景》："连夜阴云开晓景，中秋胜事偏饶。十分晴莹碧天高。台升吴岫顶，乐振海门潮。桂影一庭香渐远，四并都向今朝。宸欢得句付风骚。围棋消白日，赏月度清宵。"

图 7-24　定州贡院门前月台

在古代建筑上，正房、正殿突出连着前阶的平台叫"月台"，月台是该建筑物的基础，也是它的组成部分。由于此类平台宽敞而通透，一般前无遮拦，故是看月亮的好地方，也就成了赏月之台。古人咏月台的诗词俯拾皆是："呼匠琢山骨，临水起月台"（汪莘《陌居五咏·月台》）。

读着这些诗句，是不是让人平添思绪，不由得追忆往昔情景（图7-25）。

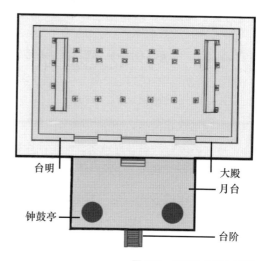

图 7-25　古建筑台基布局图

当然古时也有专为赏月而铸造的月台。《艺文类聚》卷七十八引南朝梁元帝《南岳衡山九贞馆碑》："上月台而遗爱，登景云而忘老。"唐杜甫《徐九少尹见过》诗："赏静怜云竹，忘归步月台。"岳珂《宫词一百首》："未央楼殿倚天开，东北偏高是月台，"等（图7-26）。

图 7-26　晋城北吉祥寺月台

而现代的月台，通常指进入火车站后方便旅客上下火车的一段与火车车门踏步平行的平台。

第十节　构件之春夏秋冬

在中国传统建筑梁枋、墙面、栏杆、门窗等构件中，随处可见对四季不同景致的赞叹。中国传统文化具有含蓄、委婉的表达方式，不会直接去表现与赞美春夏秋冬，而是描绘四季更迭的景物，借物抒情。春日晓色净明，常常借用春柳、泥燕或春笋生长出来的翠竹来表达。夏日檐雨滴声的最佳表达内容是荷塘月色。秋日锦雯四散，菊花是传统的代表（图7-27、图7-28）。

图7-27　春耕、冬薪

图7-28　夏荷、秋读

冬日雪花著地，传统建筑物构件中多以梅花代表（图7-29）。咏梅的诗句很多，尤以王安石的《梅花》最单纯、最应景："墙角数枝梅，凌寒独自开，遥知不是雪，为有暗香来。"

图 7-29 梅花

第十一节 构件之石别拉

石别拉，是在北京故宫汉白玉台基护栏上的一个特殊设置，北京故宫前殿外石护栏的望柱头。

我们知道北京故宫的汉白玉栏杆是寻杖栏杆，柱头采用的是莲瓣望柱头，上面有二十四道纹路，象征二十四节气，因此又称为"二十四节气望柱头"。在众多的望柱头中有特定位置的柱头是凿空的，这是最早的报警器，叫石别拉。当紫禁城内遇到外敌入侵、战事警报或是火灾等危险情况时，守卫便用三寸长的小铜角（一种牛角状的喇叭）插入石别拉上的小孔，使劲吹响，铜角发出的声音会通过石别拉放大，发出"呜、呜"的类似螺声的警报声，浑厚嘹亮的声音就会传遍整个紫禁城，让紫禁城内的所有人很快知道有危险警情（图 7-30）。

图 7-30　石别拉示意图

　　紫禁城是皇宫禁地，戒备森严，一般不会出现什么危险。根据历史记载，还真的吹响过一次石别拉，在清嘉庆年间天理教买通宫里的太监，聚集了四五十名教徒混进紫禁城，被守卫发现，及时吹响石别拉报警，嘉庆皇帝的次子爱新觉罗·旻宁（也就是后来的道光皇帝）指挥宫廷禁军很快制服了混进来的天理教徒。

结　语

　　古建筑构件中留存的故事和渊源，是先民们在漫长的历史岁月中创造出来的生存智慧。很多精彩的故事与构件关联的典籍，包含着很多当时社会的普遍认知，许多人会指其为"迷信"，认为是属于不符合科学的大杂烩，而另一些人又喜欢得很，佩服先民的智慧甚至盲目追随。客观地说，这些所谓的"迷信"正是人类在社会发展中认知特性的一部分。其实从"迷信"到"科学"不仅伴随历史中每位杰出匠人的生命历程，也一直贯穿我们社会发展的始终。

　　古建筑已经成为历史的遗产，它蕴含的无尽的技术和精神的财富，我们还将继承下去。每个构件里所关联的故事，我们也将永远讲下去。

参考文献

[1] 李诚.营造法式译解 [M].武汉：华中科技大学出版社，2014.

[2] 袁爱国.泰山神文化 [M].济南：山东大学出版社，1991.

[3] 中华人民共和国住房和城乡建设部.中国传统民居类型全集 [M].北京：中国建筑工业出版社，2014.

[4] 叶舒宪.中国神话哲学 [M].西安：陕西人民出版社，2005.

[5] 《中国建筑史》编写组.中国建筑史 [M].2 版.北京：中国建筑工业出版社，1992.

[6] 吕建昌.中华博物故事：华夏文明故事丛书 [M].上海：上海少年儿童出版社，1998.

[7] 陈果.京华古籍寻踪 [M].北京：北京燕山出版社，1996.

[8] 祁英涛.怎样鉴定古建筑 [M].北京：文物出版社，1981.

[9] 沈榜.宛署杂记：卷一 [M].北京：北京古籍出版社，1980.

[10] 完颜绍元.封建衙门探秘 [M].天津：天津教育出版社，1994.

[11] 梁思成.拙匠随笔 [M].北京：中国建筑工业出版社，1991.

[12] 程建军，孔尚朴.风水与建筑 [M].南昌：江西科学技术出版社，2005.

[13] 嘉禾.中国建筑分类图典 [M].北京：化学工业出版社，2008.

[14] 陕西省考古研究所秦汉研究室.新编秦汉瓦当图录 [M].西安：三秦出版社，1987.

[15] 邓学才.建筑杂谈 [M].北京：中国建筑工业出版社，2017.

[16] 李燮平.从明代的几次重建看三大殿的变化 [M]// 于倬云.紫禁城建筑研究与保护.北京：紫禁城出版社，1995.

[17] 田永复.中国古建筑构造答疑 [M].广州：广东科技出版社，1997.

[18] 梁思成.梁思成全集：第七卷 [M].北京：中国建筑工业出版社，2001.

[19] 王世仁.理性与浪漫的交织：中国建筑美学论文集 [M].北京：中国建筑工业出版社，2015.

[20] 惠伊深.字海拾趣 [M].北京：新世界出版社，2006.

[21] 文化部文物保护科研所.中国古建筑修缮技术 [M].北京：中国建筑工业出版社，1984

[22] 王效青 . 中国古建筑术语词典 [M]. 北京：文物出版社，2007.

[23] 袁建力，杨韵 . 打牮拨正：木构件古建筑纠偏工艺的传承与发展 [M]. 北京：
科学出版社，2017.

中建八局第二建设有限公司

企业介绍

中建八局第二建设有限公司是世界500强排名第9位的中国建筑股份有限公司的三级子公司，是中国建筑第八工程局有限公司法人独资的国有大型骨干施工企业。公司前身为西北野战军二兵团4军10师28团，先后历经兵改工、工改兵、兵又改工三次转型，于1983年9月集体整编为中国建筑第八工程局第二建筑公司，2006年8月改制为现企业。

公司具备"双特三甲"资质（建筑工程施工总承包特级、市政公用工程施工总承包特级、市政行业设计甲级、建筑工程设计甲级、人防工程设计甲级），以及多项工程承包与设计资质。为公司贡献鲁班奖39项、詹天佑奖9项、国家优质工程奖33项、中国建筑工程装饰奖26项、中国钢结构金奖11项、中国安装之星14项、国家级绿色施工示范工程26项等一系列重要奖项。

公司总部位于山东济南，下辖15个分公司、6个专业公司、1个设计研究院和7家法人单位，经营区域覆盖全国16省份40多个地市，并远赴海外。形成了以高端房建工程、基础设施工程、新兴业态工程、专业支撑工程为主的四大发展序列，涵盖会议展览、体育场馆、医疗康养、酒店办公、高速公/铁路、机场工程、城市更新、新基建、环保水务、装饰、安装、智能、园林绿化、洁净业务、展陈设计及咨询、高端部品加工、贸易等业态。公司获评"国家高新技术企业"及主体长期信用等级AA级，连续多年位列中建股份号码公司前三强，荣获"山东省百强企业"，位居山东省建筑企业前五强，致力于打造"最具价值创造力"的城市建设综合服务商。

中建集团微信

中建八局微信

八局二公司微信

总部地址：
山东省济南市历下区文化东路16号中建文化广场A座
电话：0531-87195111

三星堆新建博物馆项目

洛阳市奥林匹克中心

绿地山东国际金融中心（428米）

石家庄机场项目

济南轨道交通1号线

广东大南华开发建设项目

深圳前海国际会议中心

湖州吴兴区世界乡村旅游大会会址

济南国际医学科学中心医疗硅谷项目

郑州商都豪都古巷

福建艺景生态建设集团有限公司
Fujian Yijing Ecological Construction Group Co., Ltd

艺景集团

福建艺景生态建设集团有限公司创建于 1999 年 2 月，注册资本为 10100 万元，经过二十多年的拼搏进取，公司已发展成为囊括市政公用工程、风景园林设计、园林绿化施工、建筑工程、环保工程、乡村振兴、生态修复、水利工程等领域的综合性企业。目前总部设在国家生态园林城市——厦门，在广东、浙江、江苏、山东等省市设有 30 多个分公司。

二十多年以来，艺景经历了从创建、成长到集团化综合性生态建设型企业的发展历程，现已取得市政公用工程总承包壹级、风景园林设计甲级、建筑装饰装修工程专业承包壹级等 17 项专业资质。集团一直坚持以党建为引领，以诚信为经营准则，以追求卓越为奋斗目标。

地址：厦门市湖里区枋湖北二路 1521 号三层 H 单元

电话：0592 - 5982987　　邮箱：fjyjyl@126.com

福建西景市政园林建设有限公司成立于 1999 年 8 月，主营园林绿化工程、风景园林设计、市政工程、矿山修复工程等。拥有城市园林绿化（原）一级资质，风景园林设计甲级资质、市政公用工程、电子与智能化工程、建筑装修装饰工程、城市及道路照明工程、环保工程专业承包贰级等多个二级资质。

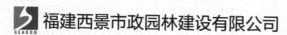
福建西景市政园林建设有限公司

晋江五峰公园

湖滨生态湿地

多年来公司秉承"诚信求实、创新奉献"的经营理念，坚持"至精、至勤、至净"的质量方针，始终把服务的公益性和社会责任作为公司经营管理的根本。公司自成立以来，承建了一批具有广泛影响的绿化和景观工程，并多次荣获"福建省闽江杯""江苏省扬子杯""中国风景园林学会园林工程金奖"等优质工程奖项。并多次获得福建省"守合同重信用企业"等荣誉称号。公司注重企业管理和工程质量管理，取得了质量管理、职业健康管理、环境管理等多项体系认证。

联系电话：0597-2100036
邮箱：418755299@qq.com
地址：龙岩市新罗区商务营运中心 C 幢 12 层 1205

徐州市龟山汉墓景区